北京理工大学"双一流"建设精品出版工程

Cell Engineering and Tissue Engineering
细胞工程与组织工程

董润安 ◎ 编著

北京理工大学出版社
BEIJING INSTITUTE OF TECHNOLOGY PRESS

版权专有 侵权必究

图书在版编目（CIP）数据

细胞工程与组织工程 / 董润安编著. --北京：北京理工大学出版社，2022.3（2024.8重印）
ISBN 978-7-5763-1034-4

Ⅰ. ①细… Ⅱ. ①董… Ⅲ. ①细胞工程②人体组织学 Ⅳ. ①Q813②R329

中国版本图书馆 CIP 数据核字（2022）第 028763 号

出版发行 /	北京理工大学出版社有限责任公司
社　　址 /	北京市海淀区中关村南大街 5 号
邮　　编 /	100081
电　　话 /	（010）68914775（总编室）
	（010）82562903（教材售后服务热线）
	（010）68944723（其他图书服务热线）
网　　址 /	http://www.bitpress.com.cn
经　　销 /	全国各地新华书店
印　　刷 /	廊坊市印艺阁数字科技有限公司
开　　本 /	787 毫米×1092 毫米　1/16
印　　张 /	9.5
字　　数 /	235 千字
版　　次 /	2022 年 3 月第 1 版　2024 年 8 月第 2 次印刷
定　　价 /	62.00 元

责任编辑 / 徐　宁
文案编辑 / 徐　宁
责任校对 / 周瑞红
责任印制 / 李志强

图书出现印装质量问题，请拨打售后服务热线，本社负责调换

PREFACE 序

《细胞工程与组织工程》是为生物学专业方向的学生编写的专业课教材，细胞工程与组织工程有内在的天然联系，把细胞工程和组织工程的内容结合起来编写，阐述它们之间的内在联系与区别以及两者的基本原理和研究的侧重点，精选相关内容，在有限的篇幅里阐明学科发展路径，以使细胞工程和组织工程的内容互相借鉴、互相渗透、相得益彰。

作者根据专业课教材的特点，以迅猛发展的细胞工程和组织工程的新进展为重点，把全书分为两篇14章，包括：第一篇细胞工程，内容有细胞培养的基本条件和技术，培养细胞的生物学特征，应力场与细胞生长，特殊组织细胞的培养，植物组织培养和细胞工程及其应用。第二篇组织工程，内容有组织工程生物材料，组织工程细胞支架的构建，组织工程化组织构建，移植免疫与组织工程，构建组织的生物力学。为保持内容完整，还编写了细胞工程与组织工程的研究历史以及细胞工程与组织工程相关技术等内容。

本书责任编辑徐宁虽然工作繁忙，但求真务实、精益求精，使本书增色不少，特此致谢。

作者虽然进行了艰苦努力，但水平所限，肯定存在不少的疏漏，望读者不吝指教，以期改正。

作者于良乡大学城
2021年12月9日

目 录

第 1 章 绪论 ··· 001
1.1 细胞工程研究简史 ·· 001
1.2 组织工程研究简史 ·· 007
1.3 内容与任务 ·· 009

第一篇 细胞工程

第 2 章 细胞培养的基本条件 ·· 013
2.1 科研实验室细胞培养的基本条件 ·· 013
2.2 生产车间细胞培养的基本条件 ··· 021

第 3 章 细胞培养的基本技术 ·· 025
3.1 消毒与灭菌 ·· 025
3.2 培养细胞的观察与检测 ·· 027
3.3 冻存与复苏 ·· 031
3.4 细胞传代 ··· 032

第 4 章 培养细胞的生物学特征 ··· 033
4.1 体外培养细胞的分型 ·· 033
4.2 培养细胞的生长特性 ·· 034
4.3 体外培养细胞的种类 ·· 039
4.4 细胞系或细胞株的命名 ··· 039
4.5 细胞系或细胞株的鉴定、管理和使用 ··· 040

第 5 章 应力场与细胞生长 ··· 042
5.1 微重力细胞培养 ··· 042
5.2 模拟旋转培养系统的应用 ··· 043

第 6 章 特殊组织细胞的培养 ·· 045
6.1 肿瘤细胞的培养概述 ·· 045
6.2 肿瘤细胞的培养方法 ·· 047
6.3 正常细胞的培养 ··· 049
6.4 一些重要的细胞系 ··· 050

第 7 章　植物组织培养 056
7.1　植物细胞培养 056
7.2　植物器官培养 057
7.3　植物原生质体培养 057

第 8 章　细胞工程及其应用 060
8.1　干细胞培养技术 060
8.2　细胞大规模培养 067
8.3　细胞融合技术 069
8.4　染色体工程和染色体组工程 070
8.5　胚胎工程 071
8.6　细胞重组与克隆技术 074
8.7　转基因与生物反应器 082

第二篇　组织工程

第 9 章　组织工程生物材料 085
9.1　生物材料及其性质 085
9.2　天然生物材料 093
9.3　细胞外基质 096
9.4　新型生物材料研究 102

第 10 章　组织工程细胞支架的构建 104
10.1　天然衍生高分子及可降解合成高分子生物材料支架的构建 104
10.2　复合型生物材料支架的构建 106

第 11 章　组织工程化组织构建 108
11.1　皮肤组织构建 108
11.2　骨组织构建 109
11.3　肌腱组织构建 109
11.4　腮腺组织构建 110
11.5　3D 打印心脏 111

第 12 章　移植免疫与组织工程 112
12.1　免疫基础 112
12.2　移植免疫 113

第 13 章　构建组织的生物力学 116
13.1　生物力学基础 116
13.2　皮肤生物力学性质 117
13.3　骨生物力学性质 118

第 14 章　细胞工程与组织工程相关技术 119
14.1　细胞显微技术和分离技术 119

14.2 细胞生物化学技术与分子生物学技术 ································· 130
14.3 构建组织的生物学评价 ······································ 133
参考文献 ·· 136
附录 ·· 137
索引 ·· 142

第1章
绪　　论

　　细胞工程（cell engineering）和组织工程（tissue engineering）是在细胞生物学的基础上发展起来的重要学科。其目的是通过改造细胞或设计细胞体系，构建自然界没有的生物系统，或利用支架材料和在其上培养的细胞形成三维（3D）结构，构建人工组织和器官，以解决诸如生产抗体、药物、组织器官等人工产品，为人类医疗和生产服务。它们的出现，为生物药品生产、移植（transplantation）用的人工器官等开辟了新的道路，展现出诱人的光辉前景，已经被世界大多数国家列入新的研究计划和优先发展规划之中。

1.1　细胞工程研究简史

　　细胞工程是一门交叉学科，它把细胞生物学、化学、工程学等紧密结合，解决人们面临的自然界和生产实践中提出的挑战性新问题。细胞工程是在细胞生物学经历长期的发展，特别是分子生物学、基因工程的推动发展，人类深入认识细胞生命现象的基础上，应用现代细胞生物学、发育生物学、遗传学和分子生物学的理论与方法，按照人们的需要和设计，在细胞水平上进行遗传操作，重组细胞的结构和内含物，以改变生物的结构和功能，即通过细胞融合（cell fusion）、核质转移、染色体或基因转移以及组织和细胞培养等方法，快速繁殖和培养出人们所需要的新物种的生物工程技术。

　　生物工程是一个更广泛的学科领域，细胞工程和组织工程是它的分支内容，这个领域的知识如此之多，还没有人声称能学完它的全部内容。在这个宽广的学科领域里，人们仅仅能致力于自己最感兴趣的那一部分。

　　生物工程是生物学的某些领域与工程学的某些领域在某种程度上的交叉形成的学科。例如，磁共振成像技术就包括电磁学、计算机工程学、生理学、化学、心理学和外科学等方面的知识，其中物理学家提供了磁共振成像的基础。人造皮肤技术需要材料科学提供高分子材料、细胞生物学提供组织反应的知识。心电图仪的制造涉及电子学、体质诊断、医学设计等方面。药物产品的生产涉及分子生物学中的受体、配体识别，遗传学中诱导细菌生产药物分子，化学工程学进行产品放大的知识。测量心肌电信号或病理组织同样需要多学科合作，如计算机数据库、程序、生物信息学、计算机断层扫描的设计等知识。机械工程师的回复装置，核工程师的放射生物学，土木工程师的环境问题，农业工程师的食品加工，发育遗传学，蛋白质组，数据库，可设计查询的生物分子模型，动物遗传工程，蛋白质药物遗传工程，神经遗传工程和生物材料等研究，无不彰显出生物工程的重要性和综合性地位。

细胞工程的基础是细胞生物学，而细胞生物学是在细胞学的基础上发展起来的，最初和一架显微镜有关。

1676 年，荷兰人列文虎克（Leeuwenhoek A.，1632—1723）利用自磨的镜片，制造了一架原始显微镜（图 1-1），生物工程进入微观形态学发展阶段。它开辟了细胞学研究的先河。

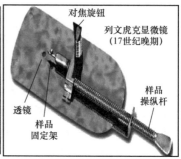

图 1-1　1676 年，荷兰人列文虎克（1632—1723）利用自磨镜片，创造了一架原始显微镜，生物工程进入微观形态学发展阶段

1838—1839 年，德国植物学家施莱登（Schleiden M.J.）和动物学家施旺（Schwann T.）根据当时有限的生物学知识，最早提出了细胞学说。

施莱登（Schleiden M.J.，1804—1881），德国植物学家和显微镜学家。1838 年，他观测到所有的植物似乎都是由细胞构成的。施莱登是一个活力论者，认为细胞是活力中心（图 1-2）。

施旺（Schwann T.，1810—1882），德国生理学家，他在 1836 年发现了消化酶——胃蛋白酶。他认为酵母是植物样的有机体，建议发酵过程是一个生物学过程。1839 年，他扩展了施莱登的细胞理论，把动物也包括进来，提出所有的生物都是由细胞组成的，他认为新细胞是由原来存在的细胞产生的（图 1-3）。

图 1-2　施莱登

1880—1882 年，Ringer S.发现了蛙的心脏在平衡盐溶液中的跳动现象。

1885 年，Roux W.发现了鸡胚胎骨髓盘可以保持在温热的盐溶液中。

1903 年，Jolly J.进行了体外培养细胞的细节观察。

1907 年，哈里森（Harrison R.G.）发明悬滴培养技术。Burrows M.和哈里森进行了淋巴液振动培养。

哈里森（Harrison R.G.，1870—1959），美国生物学家和解剖学家。1894 年，他获得了 Johns Hopkins 大学哲学博士学位。1907 年，他成为耶鲁大学比较解剖学教授，并且获得了各种学术地位，在这里一直工作到去世。他不但是著名的神经胚胎发育专家，更是组织培养方法的发明者之一，他的工作使人们可以在体外分离活细胞并在可控的环境中进行培养。他被称为"组织培养之父"（图 1-4）。

图 1-3　施旺

1910 年，Tyrode M.进行了哺乳类细胞在平衡盐溶液中的培养。

1911 年，Carrel A.和 Burrows M.T.开展了长时间体外组织培养。

1926年，Stangeways T.S.和 Fell H.B.开展了组织和细胞的显微镜观察。

1928年，Fell H.B.和 Maitland M.C.使用组织碎片培养疫苗。

1933年，Carrel A.和 Gey G.O.发明滚瓶培养，并详细描述了培养过程。

1916年，Rous P.和 Jones S.F.使用胰酶分散细胞团块。

1923—1924年，Burrows M.和 Carrel A.利用胚胎抽提液以促进细胞生长。

1922年，Spemann H.发现组织和细胞可分泌控制因子。

斯佩曼（Spemann H.，1869—1941），德国范德堡大学教授，1935年因发现在胚胎发育中组织者效应获得诺贝尔生理学或医学奖（图1-5）。

图1-4　哈里森　　　图1-5　斯佩曼

1923年，Carrel A.发明细颈瓶培养技术。

卡雷尔（Carrel A.，1873—1944），法国医生，洛克菲勒医学研究所研究员，1912年因血管缝合和血管及器官移植方面的贡献获诺贝尔生理学或医学奖（图1-6）。20世纪早期，他第一次在细颈瓶中培养肿瘤细胞和癌细胞，Carrel和Burrows是这一领域的先驱。1911年，他第一次开展了长时间体外组织培养，Burrows杜撰了"组织培养"这个词。

1930年，医生们在肺结核、天花、麻疹患者的病理组织中观察到多核细胞。

1949年，Enders J.F.、Robbins F.C.和 Weller T.H.进行了小儿麻痹症疫苗在人胚组织中的培养。

图1-6　卡雷尔

1953年，Scherer W.F.、Syverton J.T.和 Gey G.O.使用胰酶分散HeLa细胞。Frisch A.W.和Jentoft用胰酶分散培养猴睾丸组织细胞。

1954年，Younger J.S.使用胰酶分散猴肾脏细胞，进行单层培养细胞的分散。

1962年，阅田善雄发现灭活的血凝型病毒引起艾氏腹水瘤细胞融合。

1965年，Harris证实灭活的病毒在某些条件下可诱发动物细胞融合。

细胞融合又称细胞杂交（cell hybridization）。它指采用人工方法使两种或两种以上的体细胞合并成一个细胞，不经过有性生殖过程而得到杂种细胞。在自然条件下，体内或体外培养细胞间所发生的融合，称为自然融合。体外使用融合诱导因子等，促使细胞间发生融合，称为人工诱导融合。细胞融合如图1-7所示。

1975年，Köehler G.J.F.和 Milstein C.在体细胞杂交的基础上创立了B细胞淋巴瘤技术。单克隆抗体制备如图1-8所示。

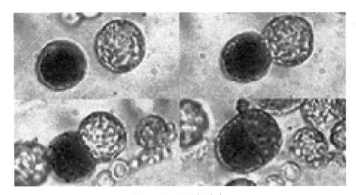

图 1-7 细胞融合

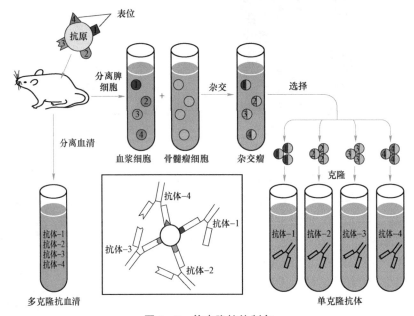

图 1-8 单克隆抗体制备

Milstein C.（1927—2002），剑桥大学分子生物学实验室教授，1984 年因单克隆抗体生产技术原理的发现获得诺贝尔生理学或医学奖（图 1-9）。

Köehler G.J.F.（1946—1995），瑞士巴塞尔免疫学研究所教授，1984 年因单克隆抗体生产技术原理的发现与其导师共同获得诺贝尔生理学或医学奖（图 1-10）。

图 1-9 Milstein C.　　图 1-10 Köehler G.J.F.

细胞质工程又称细胞拆合工程,是利用物理或化学方法将细胞质与细胞核分开,再重新进行不同细胞间核质组合,重构新细胞。

1997年2月22日,《自然》杂志报道,动物克隆(animal cloning)羊多莉(Dolly,图1-11)出生于英国罗斯林研究所的实验室。这促进了真核哺乳动物细胞核移植与克隆技术的发展。2003年2月14日,克隆羊多莉因肺病实施安乐死,现保存于苏格兰国家博物馆。已克隆的动物有奶牛、猪、鼠、猫、羊、兔等。

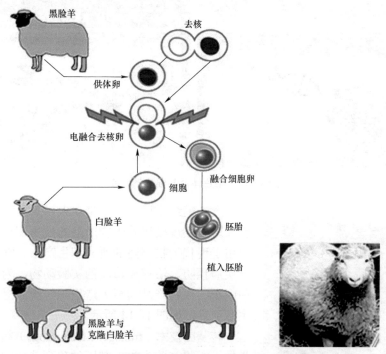

图1-11 羊的克隆步骤和第一只克隆羊"多莉"

多莉的诞生,可让人类利用动物的一个组织细胞,像翻录磁带或复印文件一样,大量产出相同的生命体,这无疑是基因工程研究领域的一大突破。

克隆动物(cloning animal)的好处显而易见,如保持动物优良种性,增加珍稀濒危动物数量,利用克隆动物相同的基因背景进行医学和生物学研究等。但科学是把双刃剑!克隆动物对生物多样性提出挑战,克隆动物实际年龄老于正常受精胚胎动物的年龄,克隆人使人类面临宗教、人伦等诸多问题。

染色体工程是按照人们预先的设计,添加、消除或替代同种或异种染色体的全部或一部分,达到定向改变生物遗传性状或选育新品种的目的,从染色体水平改变细胞遗传组成。目前主要应用于植物遗传育种领域。如图1-12所示。

染色体组工程是在人为设计的技术路线下添加、消除同种或异种染色体组以达到定向改变生物遗传性状的目的。

干细胞(stem cells)工程是在细胞培养基础上发展起来的一项新技术。它利用干细胞的增殖特性、多分化潜能及增殖分化的高度有序性,在体外培养干细胞、诱导干细胞定向分化或转基因处理干细胞以改变其特性,实现干细胞为人类服务的目标。如图1-13所示。

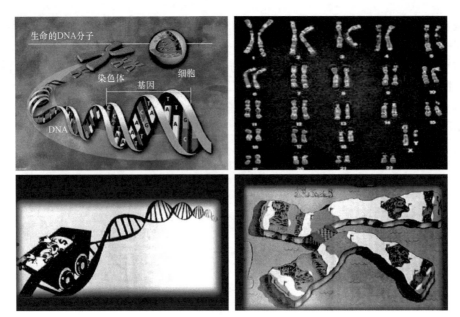

图 1-12　染色体及其蕴含的财富

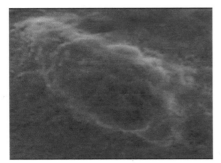

图 1-13　一个胚胎干细胞

大规模细胞培养技术是在人工条件下用动、植物细胞高密度大规模培养生物产品的技术。这一技术已广泛应用于现代生物制药的研究和生产中。它大大减少了用于疾病预防、治疗和诊断的实验动物，为生产疫苗、细胞因子、生物产品乃至人造组织等产品提供了强有力的生产工具，如图 1-14 所示。

转基因技术（transgene technology）指利用分子生物学技术，将某些生物的基因转移到其他物种中，改造生物的遗传物质，使生物在性状、营养和消费品质等方面符合人类的需要。转基因技术在农业生产、动物养殖和医药卫生等诸多领域有着广泛的应用前景。

图 1-14　真核细胞的大规模培养

转基因生物（transgenic animals）。1982年，"超级鼠"诞生，它是把大鼠生长因子转入小鼠，得到的巨大型的转基因小鼠，如图1-15所示。已有的转基因生物有昆虫、猪、鱼、兔、羊和牛等。

世界上第一种转基因植物（transgenic plants）是一种含有抗生素药物抗体的烟草，1983年培育成功。世界上第一种转基因食品是1993年投放美国市场的转基因晚熟西红柿。

转基因农作物可同时具有高产、优质、抗病毒、抗虫、抗寒、抗旱、抗涝、抗盐碱、抗除草剂等优点。

但有些人对于转基因"谈转色变"。那么转基因到底是"宠儿"还是"孽种"？转基因的优点将使人们摆脱自然对传统作业的限制，还可培养人体器官，解决器官移植供体短缺。实际上，药品和某些环境因素的副作用远远大于转基因食品。

图1-15 转基因"超级鼠"

世界各国对转基因食品不能达成一致，莫衷一是。在欧洲，人们认为不能否定危险，就该限制。但在美国，认为不能证明危险，就不该限制。同样，优生是人类多个世纪的追求，一旦实现又无法消受其带来的改变。

1.2 组织工程研究简史

人体组织的损伤会导致功能障碍。使用自体组织移植修复，虽然可以获得比较满意的疗效，但它是以自体健康组织的牺牲为代价，有时出现很多并发症及意外损伤。人的器官若发生损伤导致功能衰竭，采用器官移植可挽救病人生命，但供体器官极为缺乏，还需要长期使用免疫抑制剂以减少免疫排斥，由此带来的并发症有时会致命。20世纪80年代，科学家提出了"组织工程学"的概念，为众多器官功能衰竭病人的治疗带来了新的希望。

冯元桢、Langer和Vacanti最先提出组织工程的定义，即组织工程是自然科学与工程学的综合性学科，它的目标是发展生物替代材料以修复、替代、提高人体器官及其功能。随后，美国国家自然科学基金委员会（NSF）把组织工程定义为：应用工程学和生命科学的原理，发展能够修复、维持和改进组织功能的一种材料交叉科学领域。组织工程产品构建如图1-16所示。

组织工程需要三个支撑基石，即细胞、支架和生长信号。细胞是生物组织最基本的结构单位，干细胞是能够分化为各种类型细胞的特别细胞。支架是支持细胞生长为一个完整组织的框架。生长信号是引导和协调组织内细胞活动的信息，目前已知的能够影响细胞活动的生长信号包括各种蛋白因子和电信号。组织工程产品及移植如图1-17所示。

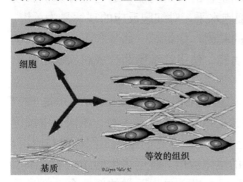

图1-16 组织工程产品构建

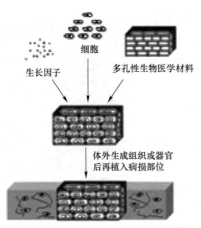 

图 1–17　组织工程产品及移植

组织工程的医疗应用广泛，可以进行骨骼修复，组织工程学方法在体外培养骨骼组织作为修复材料效果很好。移植体外培养的角膜，可使角膜损伤或缺失的患者恢复视力。移植体外培养皮肤组织，可修复皮肤的外貌和功能，以治疗烧伤、炎症等损伤的皮肤。组织工程产品结构如图 1–18 所示。

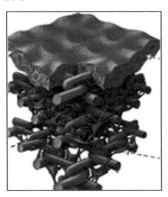 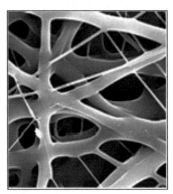

图 1–18　组织工程产品结构

组织工程学的研究领域涉及材料学、工程学和生命科学。材料科学选择设计与组织接触的材料。工程学基于天然组织的物理性质，预测与组织整合的材料功能，通过设计以供长期使用。细胞生物学提醒人们组织基本功能和结构始于细胞水平，对细胞反应的理解最为关键。在完成了人类基因组计划后，人们可以理解一些关键的基因，如组织、修复和组织再生的基因。组织工程使用生物材料去修复或代替天然组织的功能，使用活细胞和合成材料制造新的人工组织。

组织工程的发展经历了三个阶段，首先是结构组织的组织工程化构建与应用，标志是 1997 年美国 FDA（食品药品监督管理局）批准组织工程皮肤上市。美国、意大利、德国、中国等国家都有组织工程骨、软骨、肌腱的临床应用。其次是复杂功能器官的组织工程构建与应用，标志是 2006 年 Atala 在 Lancet 报道关于组织工程膀胱的临床应用。证明多细胞结构的组织工程化器官通过组织工程技术获得成功。最后是组织工程概念融入再生医学的新概念，标志是国际组织工程学会与再生医学学会合并，成立统一的"组织工程再生医学学会"，这丰富了组织工程的内涵，拓宽了组织工程的研究范围和应用领域。

细胞工程和组织工程是相互补充的两个研究领域，经常是混合在一起的。细胞工程致力于细胞如何吸附在材料表面上，并能被表面特性影响的细胞生长过程，特别是细胞增殖、迁移等。组织工程是利用这些知识来决定哪些是最好的支架材料，并选择合适的支架，制造有临床应用价值的组织工程产品。

1.3 内容与任务

细胞工程的发展方兴未艾，在以下方面将会有较大的发展：①动植物细胞与组织培养。②细胞融合，产生新的物种或品系、新的单克隆抗体等。③细胞核移植，进行更多的无性繁殖，获得更多的克隆动物。④染色体工程，实现多倍体育种，如八倍体小黑麦等。⑤胚胎工程，在畜牧业获得优良品种，在医疗卫生方面利用试管婴儿治疗不孕不育等。⑥干细胞与组织工程，利用胚胎干细胞（embryonic stem cells，ES cells）、组织干细胞等进行组织工程产品构建。⑦转基因生物与生物反应器，得到更多的转基因动物、转基因植物等。

组织工程可能应用的种子细胞包括组织细胞、成体干细胞（adult stem cell）、胚胎干细胞。组织细胞应用限制很大。成体干细胞已有大量研究，并有部分临床应用。胚胎干细胞应用前景良好。2007年，实现了从人皮肤成纤维细胞转化为胚胎干细胞样细胞，为解决组织工程细胞来源提供了新的有效方法，但要实现这一目标，还需要进行更多的研究。

人们已对合成高分子材料、钙磷类无机材料、高分子与无机材料的复合材料、生物来源的材料以及生物来源的材料与其他材料的复合材料等进行了大量研究，实验证明许多材料有良好的生物相容性，有构建组织的合适理化性质和降解速率，但无一种材料能完全做到在材料降解的同时，能够同步化组织再生，这将成为组织工程研究中需要突破的技术瓶颈之一。生物来源的材料似乎更接近降解和再生的同步化。

组织工程由于良好的临床应用前景、可观的社会经济效益，一直是世界各国科学家研究的热点，各国政府均将其列为21世纪新的经济增长点，给予高度重视与支持。这将会极大地促进组织工程的迅猛发展。

第一篇 细胞工程

第 2 章
细胞培养的基本条件

细胞培养是细胞生物学、分子生物学、遗传学等学科研究的基础性工作。在科研实验室和生产车间中,细胞培养的基本条件有这样几个方面,无菌(asepsis)条件:净化工作室,风淋室,传递窗,高效过滤器,洁净层流罩,生物安全柜,超净工作台,紫外灯,电热干燥箱,滤器,高压灭菌器,抗生素;细胞生长条件:纯水蒸馏器,纯水仪,培养板,培养瓶,CO_2培养箱,培养基,血清;细胞检测条件:倒置显微镜,酶标仪,微孔板振荡器,高速离心机,移液器;细胞保存条件:液氮罐;实验室安全;在处理一些病原生物细胞时涉及生物实验室安全,一般以 P1、P2、P3、P4 标记实验室安全级别,P4 实验室安全级别最高。

2.1 科研实验室细胞培养的基本条件

1. 生长条件

培养细胞生长的条件在科研实验室中有如下三个方面。

1)细胞的营养需要

2)细胞的生存环境

温度 37 ℃,O_2,CO_2,5%,$CO_2+H_2O \rightleftharpoons H_2CO_3 \rightleftharpoons H^+ +HCO_3^-$。

pH 7.2~7.4 渗透压平衡。

3)无污染,无毒害

细胞培养用液的配制,水使用新鲜的三蒸水或去离子水。平衡盐溶液使用无 Ca^{2+}、Mg^{2+} 的缓冲液。常见的 PBS(磷酸盐缓冲液)的配方如下,NaCl 8.0 g,KCl 0.2 g,$Na_2HPO_4H_2O$ 1.56 g,KH_2PO_4 0.20 g,加水至 1 000 mL。

胰蛋白酶与赖氨酸或精氨酸相连的肽键作用,分解细胞间粘连蛋白及糖蛋白,使细胞骨架松弛,促使细胞分离。实验室常用一定浓度的胰蛋白酶作为分离细胞的消化液。胰蛋白酶浓度越高,其作用越强,超过一定浓度的胰蛋白酶能损伤培养的细胞。

胰蛋白酶是一种黄白色粉末,用不含 Ca^{2+}、Mg^{2+} 的 PBS 配制,胰蛋白酶常用的浓度是 0.25%。用过滤器除去细菌。胰蛋白酶消化细胞的时间一般为 2~10 min。可用含高浓度血清的培养液终止对细胞的消化作用。

培养基或培养液是维持体外细胞生存和生长的营养物质,分天然培养基和合成培养基两种。天然培养基含有血清,或血浆,或组织提取液,如鸡胚和牛胚浸液。其优点是营养成分丰富。其缺点是来源有限,并且成分复杂,一些实验产物的提取和实验结果的分析会受到影响,易发生支原体(Mycoplasma)污染。合成培养基是根据细胞维持生存所需物质的种类和数量，人工模拟合成的。人们已研制出多种不同用途的培养基，如 MEM（Minimum Eagle's Medium）、DMEM（Dulbecco's Modified Eagle Medium）、RPMI-1640、TC199 等。合成培养基所含的主要成分是氨基酸、碳水化合物、维生素、无机盐及其他辅助物质。其优点是标准化工业生产，组分和含量固定，成本低廉。其缺点是缺少某些营养成分，不能满足体外细胞生长的全部需要。

人工合成培养基只能维持细胞的基本生存，细胞生长和繁殖还需补充一定量的天然培养基，如血清等。血清中含有：①多种蛋白质，如白蛋白、球蛋白、铁蛋白等。②多种金属离子。③激素。④促贴附物质，如纤黏蛋白、冷析球蛋白、胶原等。⑤各种生长因子。⑥转移蛋白。⑦不明成分。一般情况下，在含 5%小牛血清的培养基中，大多数细胞可以维持不死，细胞若要繁殖生长，一般需加 10%以上的血清。

血清支持细胞生长的生物学机制已经明确，但血清成分复杂，尚未完全弄清楚全部成分。血清中存在促细胞生长因子，还同时存在细胞生长抑制因子和毒性因子等，细胞在含血清培养基中培养的特性是细胞和血清复杂相互作用的综合效应。

在蛋白质工程、基因表达调控等研究领域，需要采用无血清培养基培养细胞。人们很早就对无血清培养基研究倍感关注。无血清培养基的研制目前采用的办法是在基础培养基中补充添加替代血清的补充成分，如激素、生长因子、结合蛋白和贴壁因子等。

1975 年，S. Gordon 用无血清培养基培养了垂体细胞株。近年来，有百种细胞系（cell line）在无血清培养基中生长增殖。无血清培养基的使用保证了与血清相关实验结果的准确性、可重复性和稳定性，有效减少了细胞污染的频繁发生，提纯和鉴定各种细胞产物的程序得到简化。在无血清培养液中添加能促进细胞生长的一类物质，其作用仅适合这一类细胞的生长。一种细胞的培养液不适合另一种细胞的生长。同源组织的不同细胞株，所需添加物种也有不同。无血清培养基还处在研究摸索的初级阶段，难以大规模推广。

现在绝大多数培养细胞在使用人工合成培养基时需添加血清。血清质量好坏是实验成败的制约因素。常用的血清有胎牛血清（FBS）、新生牛血清、小牛血清、兔血清、马血清等，胎牛血清质量最好。优质血清的特征是：透明，淡黄色，无沉淀物，无细菌、支原体、病毒污染。血清使用前先要进行灭活，以消除补体活性，灭活的条件是在 56 ℃维持 30 min。血清消毒（disinfection）使用过滤除菌。

在培养液配制完成后，培养液内需要加适量的抗菌素，以抑制可能存在的细菌生长。抗菌素的使用规则如下：一般是青霉素和链霉素联合使用，青霉素、链霉素使用终浓度为 100 μg/mL 和 100 U/mL。

培养基的组成为：基础培养基 80%～95%，血清 5%～20%，碳酸氢钠 2.0 g/L，青霉素 100 μg/mL，链霉素 100 U/mL。如 RPMI-1640 完全培养基组成为 RPMI-1640 培养基 1 袋、碳酸氢钠 2.0 g，加三蒸水至 1 000 mL，过滤除菌，调节 pH 值至 7.2，加青霉素终浓度为 100 μg/mL，链霉素终浓度为 100 U/mL，血清终浓度为 10%～20%。

主要商用培养基如下：MEM，DMEM，常用于贴壁细胞。IMDM（Iscove's Modified Dulbecco's Medium），常用于密度低、生长困难的细胞和杂交瘤细胞。Moore 等研制成功的 RPMI-1640，可培养原代、传代（Passage 或 Subculture）、肿瘤等细胞。Morgan 研制成功 199、109 培养基。Mccoy's 5A 用于原代培养（primary culture）和难培养的细胞。

2. 保存条件

1）液氮罐

液氮罐是保存真核细胞的常用工具，液氮液面下温度 –156 ℃，液氮液面上温度高于 –156 ℃，距液面越远，温度越高。液氮罐中液氮会缓慢挥发，直至全部挥发完，这时就无法对样品低温保护，需要根据液氮的挥发量，定期补充，确保所保存的细胞处于液氮液面以下。液氮罐如图 2-1 所示。

2）低温冰箱

低温冰箱（图 2-2）一般可分为 –40 ℃、–90 ℃、–110 ℃、–130 ℃和 –160 ℃等类型，电器公司的产品大同小异，有时在温度划分上会有差别。根据自己实验的需要选购不同性能的低温冰箱。

图 2-1 液氮罐

图 2-2 低温冰箱

3. 环境条件

1）超净工作台

超净工作台（图 2-3）通过鼓风机驱动空气进入预过滤器，再通过高效滤器，以除去空气中的尘埃颗粒，使空气得到净化（purify）。净化后的空气以水平气流通过工作台面，在工作台内形成无菌小环境。

Ⅱ级生物安全柜（图 2-4）用于有生物安全需要的实验室，它既能形成无菌的局部空间环境，又能保证研究对象，如病原菌、细菌等不外溢，保护环境及操作人员的安全。该设备广泛用于低、中等危险度（病原体 P1～P3，DNA 重组 P1～P3）的临床细菌学、病毒学、微生物学和组织培养等方面。

2）紫外灯

紫外灯（图 2-5）是进行紫外线杀菌消毒的设备，主要用于细胞培养室空气消毒以及操作台、塑料培养皿和培养板等物品表面的消毒。由于紫外线穿透性较差，其无法对紫外线辐照不到的地方杀菌消毒。

图2-3 超净工作台　　　　　图2-4 Ⅱ级生物安全柜

图2-5 紫外灯

3）电热干燥箱

电热干燥箱（图2-6）用于干热消毒，主要用于玻璃器皿的干热灭菌（sterilization）。一般在160 ℃维持2 h即可。应先用80～100 ℃低温烘烤2 h再开始升高温度，以利潮气外泄，延长电器使用寿命。

图2-6 电热干燥箱

4）滤器

滤器型号众多，主要有两类，即正压滤器和负压滤器。不耐高温高压的人工合成培养基、血清、酶液等均采用过滤除菌。

Zeiss 滤器是一种正压滤器,如图 2-7(a)所示。在过滤液液面加压,使溶液透过滤膜,由于细菌超过 0.22 μm,所以被隔离在滤器外面。负压滤器是在容器内形成负压环境,在大气压的压力下,滤液进入负压区,从而实现除菌的目的。滤膜由两层膜构成,上面一层 0.45 μm,下面一层 0.22 μm,小于 0.22 μm 的微生物,如支原体、病毒等,会透过滤膜,因此滤器无法除去小于 0.22 μm 的微生物。

(a) (b)

图 2-7 滤器
(a)正压滤器;(b)负压滤器

5)大容量高压灭菌器

常见的大容量高压灭菌器(图 2-8)有电脑控制的全自动高压灭菌器及全自动手提式灭菌器,采用高压蒸汽消毒,该方法使用广泛,效果良好。开始消毒时,消毒物品不要装得过满,为防止消毒器内气体阻塞导致爆炸,必须保证其内部气体的流通。在升压前,先打开排气阀门排放消毒器内的冷空气,待冷空气排出后,关闭排气阀门,特别注意要检验安全阀是否活动自如,然后开始升压,当达到所需压力时,手动式要计算消毒时间。定时检查压力,防止意外发生。电脑控制的全自动高压灭菌器按需要设定灭菌参数即可。

图 2-8 大容量高压灭菌器

常用物品消毒压力及时间各不相同，培养液、橡胶制品，10 lb（1 lb≈0.45 kg）10 min。布类、玻璃制品、金属器械，18 lb 20 min。

6）自动双重蒸馏器及纯水仪

自动双重蒸馏器（图 2-9）把自来水在第一级蒸馏器蒸馏后，再把所得蒸馏水导入第二级蒸馏器蒸馏得到的液体。纯水仪一般内置多级离子交换柱处理自来水得到的去离子水。

图 2-9　自动双重蒸馏器及纯水仪

7）培养板和培养瓶

培养板（图 2-10）使用塑料制成，最常见的是 96 孔的，也有 24 孔、12 孔和 6 孔的，根据实验的不同需要选用。培养瓶（图 2-11）使用玻璃或塑料制成，常见的以塑料培养瓶为主。

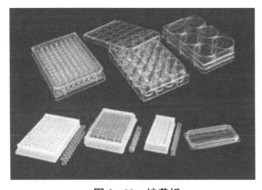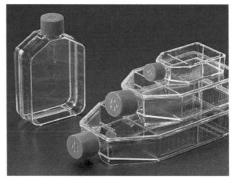

图 2-10　培养板　　　　　　　　　　　图 2-11　培养瓶

常用玻璃器皿清洗：自来水浸泡、洗衣粉刷洗、酸泡 24 h、流水冲洗、蒸馏水浸泡和冲洗、50 ℃烘干。

清洁液的配制：清洁液配制时应特别注意安全，需要穿戴耐酸手套和围裙，保护好面部及身体裸露部分。配制过程中先把重铬酸钾溶于水中，然后在重铬酸钾溶液中缓慢加入浓硫酸，同时不停地用玻璃棒搅拌，使产生的热量挥发，选择陶瓷或塑料容器配制溶液，配成后的清洁液为棕红色。清洁液配方如表 2-1 所示。

表 2-1 清洁液配制

强度＼组成	重铬酸钾/g	浓硫酸/mL	蒸馏水/mL
弱液	100	100	1 000
次强液	120	200	1 000
强液	63	1 000	200

8) CO_2培养箱

CO_2培养箱（图 2-12）设定的运行条件为 37 ℃，5% CO_2。CO_2培养箱在培养细胞时应注意这些情况：①用螺旋口瓶培养细胞时，瓶盖不宜过紧，应处于微松状态，以保证通气。②保持培养箱内空气洁净。定期消毒，每次消毒 90 ℃维持 14 h。③箱内水槽中加入灭菌蒸馏水 3 000 mL，以保持箱内湿度，这样可避免培养液过度蒸发。

9) 移液器

移液器（图 2-13）在生物实验室使用非常广泛，它精准分液、舒适易用、高效节约，是实验室很重要的分液工具。电动移液器（图 2-14）已在实验室推广开来，它方便实用，量程范围广，在 1～100 mL；轻巧无电源线、携用方便。其操作方式是：单手操作，以操作按钮的压力大小调节移液速度；线性速度控制，方便调节不同量程移液管的移液速度。其可与所有类型的塑料或玻璃移液管配套使用。

图 2-12 CO_2培养箱

图 2-13 移液器

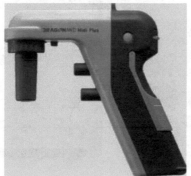

图 2-14 大容量电动移液器

10）显微镜

显微镜（图 2-15）是生物学实验室的基本设备，细胞培养室一般配置倒置式光学显微镜，这对培养细胞的日常观察必不可少。

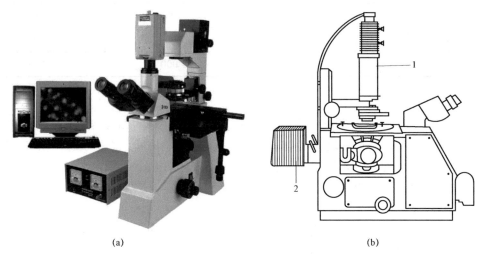

图 2-15 显微镜
(a) 透射光照明器；(b) 落射光照明器

11）酶标仪

酶标仪（图 2-16）即酶联免疫检测仪。它实际上是一台变相的光电比色计或分光光度计。现在酶标仪拥有多种检测模式，可检测吸光度（Abs）、荧光强度（FI）、时间分辨荧光（TRF）、荧光偏振（FP）和化学发光（Lum）。

12）高速离心机

高速离心机（图 2-17）的转速一般在 10 000～60 000 r/min。其转速较高、离心力大，对样品溶液中悬浮物质进行高纯度分离、浓缩、精制，是提取各类样品进行研究的有效制备仪器。高速冷冻离心机带有制冷系统，主要用于有低温条件要求的细菌、细胞、亚细胞组分、病毒等分离，核酸、蛋白、酶等活性成分的提取、分离、纯化及其他需要低温冷冻条件的离心。

图 2-16 酶标仪

图 2-17 高速离心机

2.2 生产车间细胞培养的基本条件

在生产中，工厂车间需要处理的原料多，还要求处理的成本低。因此，工厂车间细胞培养的生长条件、保存条件和环境条件与科研实验室不完全相同，具有它自身的特点。

中华人民共和国国家质量监督检验检疫总局、中国国家标准化管理委员会联合发布相关标准规范，即中华人民共和国国家标准 GB 19489—2008《实验室生物安全通用要求》（*Laboratories-General requirements for biosafety*）于 2008 年 12 月 26 日发布，2009 年 7 月 1 日开始实施。该标准规定了实验室生物安全管理和实验室的建设原则，同时还规定了生物安全分级，实验室生物安全管理设施设备的配置，个人防护和实验室安全行为等方面的内容。

根据操作的生物因子的危害大小以及采取的防护措施，国家标准将生物安全实验室的生物安全水平（bio-safety level，BSL）划分成 4 级，Ⅰ级防护水平是最低的，而Ⅳ级最高。分别以 BSL-1～BSL-4 表示实验室的生物安全防护水平，同时分别以 ABSL-1～ABSL-4 表示动物实验室的生物安全防护水平。确定了不同等级实验室的建立和评价标准。或者如前述，以 P1、P2、P3、P4 标记实验室安全级别，P 为 protection 的缩写，P4 实验室安全级别最高。2020 年世界范围内仅有 9 家 P4 实验室在运行，我国仅有武汉一家 P4 实验室。

我国药品生产洁净室（区）空气洁净标准如表 2-2 所示。

表 2-2 我国药品生产洁净室（区）空气洁净标准

洁净度级别	尘粒最大允许数/m³		微生物最大允许数	
	≥0.5 μm	≥5 μm	浮游菌个/m³	沉降菌数/皿，30 min
100	3 500	0	5	1
10 000	350 000	2 000	100	3
100 000	3 500 000	20 000	500	10
300 000	10 500 000	60 000	800	15

净化工作室和洁净车间（图 2-18）是现代生物医药生产的重要条件，已经开发形成了许多成套的各种设备。

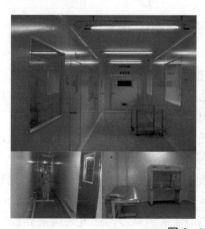

图 2-18 净化工作室和洁净车间

净化工作室需要许多特殊的设备维持安全生产。常见有如下一些设备。

1. 风淋室

风淋室（图 2-19）是生物洁净室的配套设备，能清除人体和物品表面的尘埃，减少洁净室的灰尘量，同时兼有气闸室的功能，阻止非洁净空气的侵入。风淋室采用轻质隔热夹芯钢板材质，吹淋板采用不锈钢材质，吹淋口方向可任意调整，风淋时间亦可在 30～99 s 变动。风淋室也可装配加热器，冬天加热，温度可调，一般温度控制在 30～35 ℃。

2. 传递窗

传递窗（图 2-20）是洁净室的辅助设备，用于洁净区与洁净区或非洁净区小件物品的传递，以减少洁净室的开门次数。

图 2-19 风淋室

传递窗分为标准型和生物洁净型两种，后者带空气自净装置。互锁形式分为机械互锁或电子互锁。

3. 高效过滤器

高效过滤器（图 2-21）用超细玻璃纤维纸作为过滤材料，胶板纸作为分隔板，与铝合金框、木框或镀锌钢板框组合而成。它的特点是低阻力、高效能、轻巧、尘容量大等。常温常压常湿条件下，其可用于环境空气的净化，特别适用需要高效空气过滤器高覆盖率的净化厂房。

图 2-20 传递窗

图 2-21 高效过滤器

4. 洁净层流罩

洁净层流罩（图 2-22）提供局部高洁净环境的净化空气，由箱体、风机、初效空气过滤器、高效空气过滤器、阻尼层和灯具等组件组成，外壳采用不锈钢或彩钢板，可悬挂，也可地面支撑，可以单个使用，也可多个连接形成带状洁净区域，即洁净隧道。

洁净层流罩将空气经风机以一定的风压通过高效空气过滤器后，由阻尼层均衡气压，使洁净空气垂直层流送入工作区，保证工作区达到工艺所需的高洁净度。

中国科学院武汉病毒研究所的武汉国家生物安全实验室于 2017 年 8 月开始运行，现在是中国第一个也是唯一最高级别的生物安全实验室——P4 实验室。P4 指保护等级（protection level）为 4 级，更正式使用的名称是生物安全水平 4 级，P4 实验室专门研究高级别高致病性

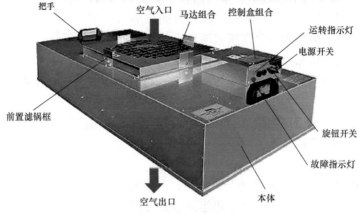

图 2-22 洁净层流罩

烈性病原微生物，如埃博拉病毒、马尔堡病毒、拉萨病毒、克里米亚-刚果出血热病毒、天花病毒、新冠肺炎病毒等烈性传染病原病原。而炭疽（杆菌）、鼠疫（耶尔森菌）以及高致病性禽流感等，P3（BSL-3）级别就够了，全国多个地区都有 P3 实验室。把 P4 降格用于研究 P3 级别的病原，理论上可行，向下兼容没有问题，但考虑到运行成本，除非有特殊需求或紧急情况，一般并无此必要。

实验室的管理同样是正常运行的必备条件。好的规章制度可保证实验室各项工作的正常开展。因此，这是成功实验室重要的软件保证。

若设置层流净化细胞培养室设计标准为万级，专供细胞培养、冻存以及细胞治疗用。层流净化细胞培养室的总体要求是经济、有序、高效、安全。以下是某实验室的层流净化细胞培养室管理规则[①]。

1. 准入制度

（1）必须取得实验室相关实验技能考试合格方可进入层流净化室。

（2）在实验室工作的实验人员应严格遵守工作守则，外来人员在进入净化室工作之前，必须接受培训。

（3）没有经过培训的人员不得单独进入净化室工作。

（4）进入净化室后要保持安静，不得大声喧哗。

2. 安全制度

（1）层流净化室内必须注意安全用电。

（2）谨慎使用酒精灯，不能在有明火的情况下加、换酒精。

---

① 参见 https://wenku.baidu.com/view/8d32f8ce77a20029bd64783e0912a21614797f81.html。

（3）实验人员自觉维护室内设备的安全使用，对室内的仪器如 CO_2 孵箱等要经常注意机器运转情况，发现问题及时检修或报告请人检修。

（4）离开层流净化室必须断开必要的仪器电源。

（5）对不符合层流净化室安全规定的行为主动报告管理者。

3. 卫生消毒制度

（1）一般情况下细胞间每日消毒一次（包括两个缓冲间），方法为紫外线消毒（每次 30 min 至 1 h）一次，另外每周用 10%乳酸在紧闭门窗下熏蒸 30 min。

（2）实验完毕应及时清理所用物品，注意台面整洁。

（3）及时清洗所用隔离衣，并高压灭菌后存放于指定位置（每日一次）。

（4）除实验必需的用品外，其他物品不得带入净化室。

（5）层流净化室内所用仪器及附属设备均应在指定范围内使用，不得随意转移地点，以便他人顺利使用。

（6）层流净化室实施值日生负责制，值班人员负责检查室内是否保持清洁（cleaning）整齐，督促违反规定者改正错误。

4. 出入制度

总体原则为进出净化室应按次序开、关门，只有将前面打开的门关闭后才允许打开下一道门，出入线路绝对不能逆行，使缓冲间起到应有的作用。

（1）层流净化细胞培养室共有两个缓冲间，进入每个缓冲间必须更换指定消毒的拖鞋。

（2）穿戴好消毒的鞋、帽、口罩后不得逆行离开层流净化室。

（3）人流：打开细胞培养室外门，进入第一缓冲间，开灯，关闭细胞培养室外门，穿戴专用的洁净隔离衣、工作鞋帽、口罩等；打开第一缓冲间内侧门，进入第二缓冲间，新洁尔灭泡手 1 min，烘干，关闭第二缓冲间外侧门；打开第二缓冲间内侧门，进入层流净化细胞培养室，关闭层流净化细胞培养室外门。

（4）物流：所有进出层流净化细胞培养室的物品均应通过传递窗进行；物品进入层流净化细胞培养室时，应先打开传递窗外侧门，将物品放入传递窗，关闭传递窗外侧门，打开紫外灯照射 15 min；人员进入层流净化细胞培养室后，关闭紫外灯，打开传递窗内侧门，取出物品；物品出室次序与以上进室次序相反，但不需紫外线照射。

第3章
细胞培养的基本技术

3.1 消毒与灭菌

1. 无菌操作技术

无菌操作（antiseptic technique）指防止细菌进入人体或其他物品的操作技术，即控制微生物，以避免发生微生物污染的方法。体外培养的细胞一般缺乏抗感染能力，防止污染是决定细胞培养成功的首要条件。即便设备完善的实验室，若粗心大意、技术操作不规范，也会导致污染。因此，为在全部操作中最大限度地保证无菌，每一步骤的工作都必须做到有条不紊和完全可靠。

2. 无菌操作技术流程

1）消毒

无菌培养室每天用专用拖布蘸取 0.2% 的新洁尔灭拖洗地面一次，清洁环境。无菌操作前 30 min 避免人员流动，以减少空气中的尘埃。实验室每日用紫外线照射消毒一次，时间为 30～50 min。超净工作台的台面位置每次实验前用 75% 酒精擦洗，再用紫外线消毒 30 min 以上。在工作台面消毒时，不要将培养细胞和培养用液暴露在紫外线下，工作台面用品不宜过多或重叠放置，以免遮挡紫外线，降低消毒效果。操作用具如移液器、废液缸、污物盒和试管架等用 75% 酒精擦洗后置于工作台内，同时进行紫外线消毒。

2）培养前准备

实验前要制定实验计划操作程序，有关数据事先计算好。根据实验计划，准备所需器材和物品，清点无误放置于培养室超净台内，再开始消毒。以避免实验开始后，因往返拿取物品，增加污染的机会。

3）洗手和着装

洗手和着装总的原则与外科手术相同。平时观察实验样品不做培养操作，应穿着细胞培养室内紫外线照射 30 min 以上的清洁工作服，衣帽整洁，帽子遮盖全部的头发，口罩须遮住口鼻，预先修剪指甲，洗手，在无菌区戴好无菌手套。在超净台工作时，穿着长袖清洁工作服，开始操作前用 75% 酒精消毒手。实验过程中，手触及可能污染的物品或出入培养室，都要重新用消毒液洗手。进入原代培养室时，需彻底洗手消毒并戴口罩，穿着消毒衣帽。

4）火焰消毒

在无菌环境中，培养或做其他无菌操作时，先点燃酒精灯，一切操作，如压装吸管帽、打开或封闭瓶口等，都应在火焰近处并经烧灼进行。

5）操作

进行培养时，动作准确敏捷，又不必太快，以防空气流动，增加污染机会。应注意不能用手触及已消毒器皿，如已接触，或怀疑有污染，要用火焰烧灼消毒或用备用品。取用无菌物品时，须持无菌物钳或镊子，手臂保持在腰部以上，身体距无菌区 20 cm。

无菌物品与非无菌物品分开放置，无菌物品不可暴露在空气中，一经使用，必须再经无菌处理方可使用。从无菌容器中取出的物品，未使用也不可再放回无菌容器内。一套无菌物品仅供一人使用，不可混用。无菌物品须放于无菌包或无菌容器内保管，应注明物品名称、灭菌日期。有效期一周为宜。

3. 消毒与灭菌

1）几个概念

消毒是指杀死物体上或者环境中的病原微生物，但不一定杀死细菌芽孢或非病原微生物。

灭菌是指杀死物体上所有微生物的方法，包括病原微生物和非病原微生物。

抑菌（bacteriostasis）是指抑制人体内外细菌的生长繁殖。

防腐（antisepsis）是指人体外防止或抑制细菌的繁殖。

无菌指不存在任何活菌。

清洁指减少微生物附着在无机物表面的数量。

净化指显著减少或破坏特定空间中微生物的数量和生物活性。

2）消毒灭菌方法

（1）物理消毒灭菌法。热力灭菌包括干热灭菌法和湿热灭菌法。干热灭菌法常见的有焚烧、烧灼、干烤、红外线灭菌法等。湿热灭菌法常见的有巴氏消毒法、煮沸法、高压蒸汽灭菌法等。

湿热灭菌效果好于干热灭菌，原因是湿热情况下菌体蛋白容易凝固，湿热穿透力比干热要大，湿热的蒸汽具有一定的潜热。

紫外线灭菌的原理是它能作用于 DNA，使一条 DNA 链上相邻的两个碱基 T 共价交联形成二聚体，干扰 DNA 的复制和转录，最终导致细菌的变异和死亡。它的特点是穿透力比较差。普通玻璃、纸张、尘埃等容易阻挡紫外线，因此它只适用于空气消毒或物体表面的消毒。紫外线可损伤皮肤、眼睛，使用时注意防护。

此外，还有过滤除菌法（图3-1）、超声波杀菌法和干燥与低温抑菌法等。

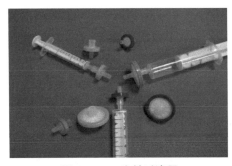

图3-1 一次性过滤器

（2）化学消毒灭菌法。化学消毒剂指能迅速杀灭病原微生物的化学药物。防腐剂指能抑制病原微生物生长繁殖的化学药物。化学治疗剂指可用于治疗传染病的化学药物，它选择性地作用于细菌代谢的不同环节，杀灭或抑制病原菌，但对宿主无毒或毒性很低，如异烟肼、无环鸟苷等。

依化学消毒剂的杀菌机制不同，分为以下几类：使菌体蛋白变性，如酚、醇、醛类和重金属盐类等。损伤细菌细胞膜，如酚、脂溶剂和表面活性剂等，这些试剂能降低菌类细胞的表面张力并增加细胞膜的通透性，导致胞外液体内渗，使菌体破坏死亡。干扰细菌酶系和代谢。如氧化剂和重金属盐类等。

（3）生物学消毒灭菌法。抗生素临床治疗。细菌素等微生物的代谢产物，破坏同源性细菌。噬菌体感染细菌、真菌、放线菌和螺旋体等微生物。这些微生物类病毒导致受感染微生物死亡。

3）影响消毒灭菌效果的因素

灭菌效果受多方面因素的影响，主要有消毒剂的性质、浓度与作用时间，微生物的种类与数量，环境温度和酸碱度。并且有机物也可消耗消毒剂，能降低消毒剂的浓度。

3.2 培养细胞的观察与检测

1. 培养细胞的观察

肉眼观察培养物的颜色（图3-2）及混浊度，细胞培养液含酚红指示剂，在pH=7.2～7.4时显红色，在pH<7.0时会显淡黄色，这可能是培养细胞代谢，使培养液变酸，提示要换培养液。若培养液显黄色，并有沉淀出现，可能是染菌所致。

倒置显微镜观察细胞生长状态效果良好，可随时观察培养中的细胞，可观察到细胞逐步增殖并铺满了培养瓶。培养细胞死亡时，会漂浮在培养液中，这都很容易观察到。

图3-2 培养液的颜色

2. 细胞计数方法

培养细胞在一般条件下要求有一定的细胞密度才能生长良好，所以有时需要进行细胞计数。计数结果以多少个细胞/mL表示。细胞计数的原理和方法与血细胞计数相同。一般用血细胞计数器手工计数细胞。现在亦有计数仪代替手工计数。如Coulter计数仪，使计数效率大大提高。

细胞计数方法有：①将血球计数板和盖玻片洗干净，将盖玻片盖在计数板上。②吸取细胞悬液少许，滴加在盖片边缘，使悬液通过毛细管作用充满盖玻片和计数板之间。③静置3 min。④镜下观察，计算计数板中4大格细胞总数，压线细胞只计左侧和上方的（或规定其他原则）。按下式计算：细胞数/mL=（4大格细胞总数/4）×10 000。注意：镜下偶见由两个以上细胞组成的细胞团，应按单个细胞计算，若细胞团占10%以上，说明分散不良，应重新处理细胞悬液。血球计数板计数区共9大格，每个大格为1 mm×1 mm正方形，盖玻片与计数板之间被溶液充满，约0.1 mm，即计数区体积 $1×1×0.1=0.1\ mm^3$，1 mL=1 000 mm^3，即0.1 mm^3扩大到1 mL，增加了10 000倍。血球计数板及计数区如图3-3所示。

3. 细胞培养的污染和检测

细胞污染可分成细菌、酵母菌、霉菌、

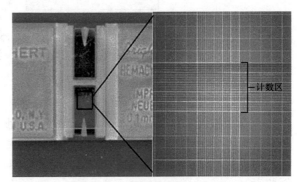

图3-3 血球计数板及计数区

支原体和病毒。无菌操作技术差、实验室操作环境不佳、血清污染和细胞污染等是主要的污染来源。严格的无菌操作技术、清洁的环境与品质良好的细胞来源和正确的培养基配制是减轻污染的最好方法。常见的微生物污染如图 3-4 所示。

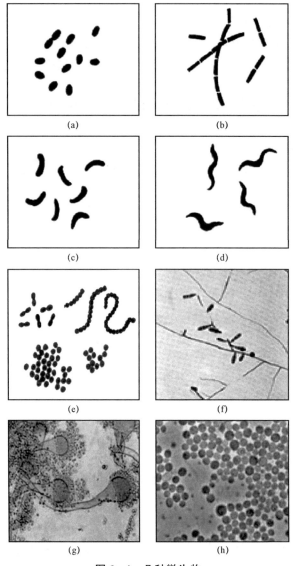

图 3-4　几种微生物
(a) 球状细菌；(b) 杆状细菌；(c) 弧状细菌；(d) 螺旋体细菌；
(e) 念珠状细菌；(f) 霉菌；(g) 青霉菌；(h) 动物病毒

1) 细菌和真菌的污染和检测

一般采用肉眼直接观察法，根据酚红指示剂的颜色可判定是否染菌，当培养基变成黄色且有沉淀出现，就是染菌了。

培养检查法，即先取少许样品，放置培养箱培养 24 h，根据培养物的情况可判定是否染菌。

显微镜观察法,即在显微镜下观察培养物的情况,可判断染菌情况,部分情况下,可判断是否有真菌污染。

2) 支原体的污染和检测

支原体又称类菌质体,是介于真细菌与立克次氏体之间的原核微生物。其有如下特性:①无细胞壁,细胞形态多变。②支原体很小,可通过细菌过滤器,被认为是最小的可独立生活的细胞型生物。③可人工培养,但营养要求很高,菌落微小,呈典型的"油煎荷包蛋"形状。④一些支原体能引起人畜、家禽和作物的病害。⑤体外组织细胞培养或用组织细胞培养病毒时,易被支原体污染,如图3-5所示。

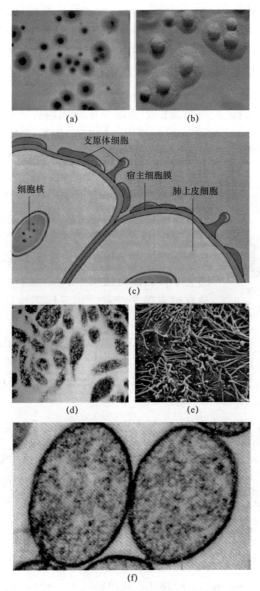

图 3-5 支原体污染

(a) 支原体,"煎蛋型",染色;(b) 支原体肺炎病原体;(c) 支原体吸附在细胞表面;
(d) 支原体肺炎病原体透射电镜照片;(e) 支原体肺炎病原体扫描电镜照片;(f) 细胞膜上的支原体污染

造成支原体高污染率的原因很多，主要有：①支原体大小在 0.1～0.8 μm，无细胞壁，因此可透过滤膜（0.22～0.45 μm）。②发生支原体污染时，肉眼或光学显微镜观察不到明显的变化。③以前缺乏简单、快速可靠的检测方式。④细胞流通间物品缺乏管理，实验室相互污染。⑤研究人员对支原体污染重视不够。⑥继续使用受污染的细胞。⑦继续使用受污染的培养基、血清。

Hayflick 培养基直接培养法：在培养基中直接培养支原体，观察其生长及菌落的生成。这是目前最直接且最灵敏的检测方法，也是用来评估其他新检测方法的标准。其缺点是培养时间过长，需 3～5 周才能判断。在培养基中有些支原体培养不出来，如 M.hyorhinis。在实验过程中，需同时培养支原体株作为正反应对照，这可能会造成新的污染。

DNA 荧光染色法：利用荧光染料（bisbenzimide，Hoechst 33258）检测支原体，染料会结合到支原体 DNA 富含 A-T 区域，由于支原体 DNA 中 A-T 含量高达 55%～80%，所以可将其染色而检测。被支原体污染的细胞染色后，在细胞核外和细胞周围可看到许多大小均一的荧光小点，此即为支原体 DNA，可证明有支原体污染。

DNA 荧光染色法间接测定：将待测细胞悬浮液或细胞培养液接种于指示细胞（indicator cell）培养液中，如 Vero 细胞或 NIH 3T3 细胞等，培养指示细胞再做荧光染色。正负反应对照组可接种于指示细胞内作为对照。

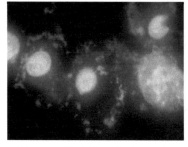

图 3-6　荧光染色法（33258）显示细胞周围的支原体

DNA 荧光染色法直接测定：需为吸附型细胞，培养后直接做荧光染色。有些细胞伴有荧光背景，干扰结果判读，建议使用间接测试方法。DNA 荧光染色法的特点是简单、经济且灵敏，因而使用广泛，可作为例行测试，以测定不易培养的支原体，比直接培养法快，约一周即可完成测试。其缺点是有时有荧光背景，出现假阳性结果。荧光染料（33258）染色，细胞周围的亮点即为支原体，如图 3-6 所示。

扫描电子显微镜能非常清晰地显示支原体概貌，可见附着于细胞表面众多的圆形颗粒，此即为支原体，如图 3-7 所示。

Giemsa 染色法也能很好地显示支原体，染色后附着于胞质上的黑点为支原体，如图 3-8 所示。

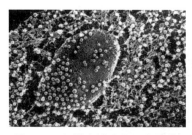
图 3-7　扫描电镜法显示支原体

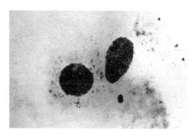
图 3-8　Giemsa 染色显示支原体

PCR（polymerase chain reaction）检测法：利用特殊专一性的引物，经 PCR 反应复制支原体 DNA，所用引物来自支原体 16S-23S rRNA 序列，此间隔序列依支原体种类不同而不同，依所复制的 DNA 大小及限制性片段大小差异做检测与鉴定。

PCR 方法非常灵敏，如 0.1～1.6 CFU（colony-forming units）/5 μL 样品，一天完成。可测定不易培养的支原体。此法不需另培养支原体作为正反应对照组，避免可能的污染。其缺点是 PCR 反应很灵敏，易出现假阳性结果。

支原体来源广泛，有 M.Arginini ATCC23838 精氨酸支原体、M.FermentaneATCC19989、发酵支原体、M.SalivariumATCC23064、唾液支原体、M.HominisATCC23114、人型支原体、M.OraleATCC23714、口腔支原体、M.HyorhinisATCC29052、猪鼻支原体等。其共同引物序列来自 16 s 与 23 s 保守区域。

外部引物为：

F1　5′-ACACCATGGGAGCTGGTAAT-3′。

R1　5′-GTTCATCGACTTTCAGACCCAAGGCAT-3′。

内部引物为：

F2　5′-GTTCTTTGAAAACTGAAT-3′。

R2　5′-GCATCCACCAAAAACTCT-3′。

去除支原体污染的抗生素有 BM-cyclin（Roche）、MRA（mycoplasma removal agent，ICN）、Ciprofloxcin（Bayer）、Enrofloxacin（Bayer）。类核酸代谢物有 5-bromouracil、Hoechst 33258、bromodeoxyuridine、抗血清等。

支原体污染后的抗生素处理为：①泰乐菌素（tylosin，Sigma），这是兽用抗生素，常用作鸡猪的饲料辅料，能有效防止支原体引起的支气管哮喘。②普乐菌素（M-Plasmocin，InvivoGen），这是新研发的支原体抗生素，可有效杀灭支原体，不影响细胞的代谢。培养细胞用普乐菌素处理，不会重新感染支原体。③BM-Cyclin-1、BM-Cyclin-2 联合使用，效果良好。细胞传代的同时加 BM-Cyclin-1 10 μg/mL，37 ℃培养 3 d，再加入 BM-Cyclin-2 5 μg/mL，37 ℃培养 3 d。由于支原体污染，细胞生长非常缓慢，不需传代。待细胞正常生长，结束加药。若还未恢复，加 BM-Cyclin-1 20 μg/mL，37 ℃培养 3 d，再加 BM-Cyclin-2 10 μg/mL，37 ℃培养 3 d。

3.3　冻存与复苏

细胞冻存和复苏在细胞培养过程中经常涉及。细胞冻存优点很多，能减少人力投入、节约经费、减少污染，更重要的是能减少培养细胞的生物学变化。

细胞冻存和复苏的原则是慢冻快融。在细胞冷却到 0 ℃以下时，会发生细胞器脱水，细胞中可溶性物质浓度增加，在细胞内形成冰晶。如果缓慢冷冻，能使细胞逐步脱水，在细胞内无法产生大的冰晶。反之，大块结晶会破坏细胞膜，使细胞器损伤和破裂。复苏过程应快融，以防止小冰晶形成大冰晶，即冰晶的重结晶，对细胞生存不利。

1. 细胞冻存

1）慢冻标准程序

在-25 ℃以上，降温速度 1～2 ℃/min。在-25 ℃以下，降温速度 5～10 ℃/min。在-100 ℃以下，可迅速投入液氮中。

2）慢冻简易程序

将冷冻管口朝上放入纱布袋中，纱布袋用线绳系上，用此线绳将纱布袋固定在液氮罐罐口，以每分钟下降 1~2 ℃ 的速度 40 min 内降至液氮表面，30 min 后，投入液氮。

细胞冻存时加入低温保护剂，可提高冻存效果。常用的低温保护剂是 DMSO（二甲亚砜），它具有良好的渗透作用，可迅速透入细胞，能提高细胞膜对水的通透性，降低冰点，延缓冰冻过程，在冰冻前使细胞内水分透出细胞外，在细胞外形成冰晶，这将减少胞内冰晶，克服冰晶对细胞的损伤。常用的低温保护剂还有甘油等。

细胞冻存的详细步骤为：①预先配制冻存液，其中 20%血清培养基、10%DMSO，DMSO 液预先用培养液配好，以避免临时配制产热损伤细胞。②取对数生长期细胞，胰酶消化后，加适量冻存液，吸管吹打制成细胞悬液（$1 \times 10^6 \sim 5 \times 10^6$ 细胞/mL）。③加入 1 mL 细胞悬液于冻存管中，密封后标记冷冻细胞名称和日期。

2. 细胞复苏

细胞复苏与细胞冻存相反，要尽量快速融解，以防形成大的冰晶：①从液氮中取出冷冻管，投入 37~38 ℃ 的水浴中，大约 1 min 融化。②用培养液 5 min 内稀释至原体积的 10 倍以上。③低速（1 000 转以下）离心 10 min。④去上清，加新鲜培养液培养复苏的细胞。

3.4 细 胞 传 代

根据细胞生长的特点，细胞传代方法通常有以下三种。

1. 悬浮生长细胞传代

离心传代：1 000 r/min 以下离心，去上清，加新培养液于沉淀物，再混匀培养或分装培养。

直接传代：若悬浮细胞沉淀在瓶底，将上清培养液去除 1/2~2/3，用吸管直接吹打形成细胞悬液培养或分装培养。

2. 半悬浮生长细胞传代

部分细胞贴壁生长，但贴壁不牢固，直接吹打使细胞从瓶壁脱落，离心去除上清，加新培养液混匀分装培养。

3. 贴壁生长细胞传代

酶消化法传代：消化液含 0.25%的胰蛋白酶液。贴壁生长细胞传代步骤为：①弃去培养瓶中的培养液。②加入 1~2 mL 0.25%的胰蛋白酶液，所加的量以消化液能覆盖整个瓶底为准，静置 2~10 min，显微镜随时观察。③待细胞变圆时，弃去胰蛋白酶液，加入培养液。④反复吹打瓶底细胞，形成细胞悬液。⑤离心，细胞沉淀重新用培养液制成悬液。⑥吸取部分细胞悬液，接种于新的培养瓶内。⑦加适量新鲜培养液在新培养瓶内。⑧将培养瓶放入培养箱中培养。

第4章
培养细胞的生物学特征

4.1 体外培养细胞的分型

1. 黏附型

体外培养细胞与体内细胞基本相同,但又不完全一致,越是初代培养的细胞,越是接近体内细胞的性质。

黏附是大多数组织细胞在体内生存和生长发育的基本方式,细胞黏附使细胞之间相互结合形成组织,大多数细胞必须黏附在固体表面才能生存并生长。在体外培养细胞时,同样需要黏附在固相表面才能生存和生长,这一类细胞属于黏附型细胞,或称黏附(锚定或锚着)依赖性细胞。

细胞在体内外的黏附方式存在差异,体内黏附是全方位的,其外形具有复杂的立体特征。在体外多数情况下,细胞仅有一个附着的平面,一般外形与体内存在时明显不同。按照形态,黏附型培养细胞可分为以下四种类型。

1)成纤维细胞型

这类细胞(图4-1)呈梭形或不规则三角形,中央有卵圆形的核,胞质突起,呈放射状生长。除成纤维细胞外,由中胚层间充质起源的组织,如心肌、平滑肌、成骨细胞、血管内皮等常为此状态。一般情况下,凡培养中细胞的形态与成纤维细胞类似,皆称为成纤维细胞型。

2)上皮细胞型

这类细胞(图4-2)呈扁平且不规则的多角形,中央有圆形核,细胞彼此紧密相连成单层连续膜。其生长时呈现膜状移动,处于膜边缘的细胞与膜相连,很少单独活动。起源于内外胚层的细胞,如皮肤表皮及衍生物,消化管上皮,肝胰和肺泡上皮等皆为上皮型细胞形态。

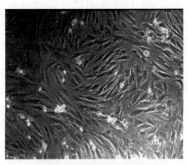

图4-1 成纤维细胞型

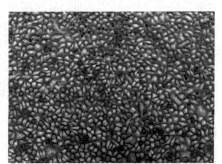

图4-2 上皮细胞型

3）游走细胞型

这类细胞呈散在生长，一般不连接成片，胞质突起，呈活跃游走或变形状态，方向不规则。此型细胞形态不稳定，有时难以与其他细胞类型区别。几种结缔组织细胞如图4-3所示。

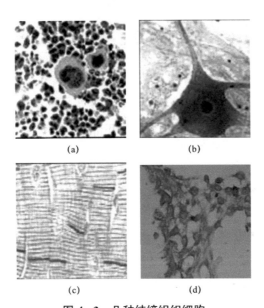

图4-3 几种结缔组织细胞
(a) 骨髓细胞；(b) 神经细胞；(c) 心肌细胞；(d) 肝细胞

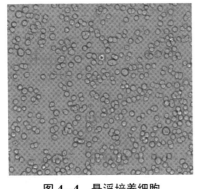

图4-4 悬浮培养细胞

4）多型细胞型

某些类型的细胞，不易确定其生长规律和稳定状态，可归于此类。如神经细胞等。

2. 悬浮型

悬浮培养细胞（图4-4）属少数类型的特殊细胞，细胞呈圆形，不贴附在支持物上，悬浮生长，这类细胞在培养过程中容易大量繁殖。如某些类型的癌细胞及白血病细胞等。

这一类细胞用机械方法保持悬浮状态生长。这类细胞常来自血、脾或骨髓组织。其特点是在悬浮时生长良好，细胞呈现圆形，单个或小细胞团状。其优点是生存空间大，能提供的细胞数量大，由于不需消化，传代方便，易于收获，可获得稳定状态。其缺点是由于细胞处于连续的位置变动中，观察不方便。

4.2　培养细胞的生长特性

1. 培养细胞生命期

培养细胞生命期（life span of culture cells）指细胞在培养中持续增殖和生长的时间。如图4-5所示。

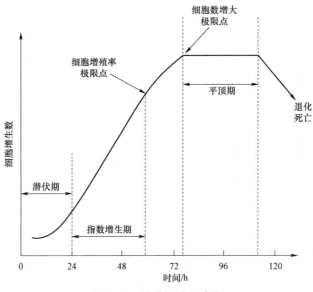

图 4-5 培养细胞生命期

1）原代培养期

原代培养或称初代培养，从体内取出活体组织接种培养至第一次传代，一般持续 1~4 周的时间。在此阶段，细胞呈活跃的移动状态，细胞会分裂，但分裂不很多。初代培养的细胞与体内组织在形态结构和功能方面相似性强。细胞群是异质（heterogeneous）性的，即细胞的遗传性状不相同，相互依存性强。把这类细胞群稀释分散成单细胞，用软琼脂培养基培养时，细胞克隆形成率（cloning efficiency）很低，这意味着细胞独立生存能力差。克隆形成率指细胞群被稀释分散成单个细胞培养时，形成细胞小群（克隆）的百分数。初代培养细胞呈二倍体核型，原代培养细胞和体内细胞性状更为相似，是检测药物很好的实验细胞。

2）传代期

初代培养细胞传代后改称细胞系。在细胞全生命期中，这一时期持续的时间最长。培养条件较好的情况下，细胞增殖旺盛，能维持二倍体核型，二倍体核型的细胞称二倍体细胞系（diploid cell line）。为保持二倍体细胞特性，细胞在原代培养期或早期传代后宜冻存。当前常用细胞一般在 10 代以内冻存。不冻存，则需反复传代维持细胞的合适密度方能生存。但细胞有可能丧失二倍体性质或发生转化。一般情况下，传代 10~50 次，细胞增殖逐渐缓慢，甚至完全停止，这时细胞进入衰退期。

3）衰退期

在衰退期，细胞仍能生存，但增殖很慢或不增殖，细胞形态轮廓增强，最终衰退凋亡。在传代末期或衰退期，以及原代培养期，传代期和衰退期任何时间点，细胞都有可能发生自发转化（spontaneous transformation）。转化的标志之一是细胞获得永生性（immortality）或恶性（malignancy）。这两种性状非同一性状。细胞永生性也称不死性，即细胞获永久增殖的能力，这样的细胞群称无限细胞系（infinite cell line），也称连续细胞系（continuous cell line）。无限细胞系的形成常发生在传代期末或衰退期初这一阶段。细胞获不死性后，核型大多变成异倍体（heteroploid）。细胞可以进行人工诱发转化，如物理、化学和生物试剂处理等。

2. 组织培养细胞一代生存期

细胞"一代"一词，仅指从细胞接种到分离再培养，这已成为培养工作的习惯说法，它与细胞倍增一代并非同一含义。如某细胞系为第 120 代细胞，指该细胞系已传代 120 次。它与细胞世代（generation）或倍增（doubling）含义不同。在细胞一次传代中，细胞约能倍增 3~6 次。细胞传一代后，一般要经过以下三个阶段，如图 4-6 所示。

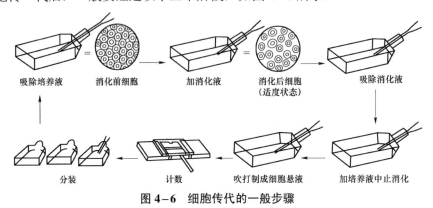

图 4-6 细胞传代的一般步骤

1）潜伏期（latent phase）

细胞接种开始培养后，先要经过悬浮在培养液中的状态，细胞质回缩，细胞为圆球形。接着细胞附着或贴附于底物表面上，称为贴壁。各种细胞贴壁速度各不相同，与细胞的种类、培养基成分及底物（表面）的理化性质等相关。

初代培养细胞贴壁很慢，有时长达 10~24 h，甚至更多，连续细胞系和恶性细胞系较快，10~30 min 完成贴附。细胞贴附现象既非常复杂，又与多种因素相关。支持物影响细胞贴附，底物表面不洁不利于贴附，底物表面带有阳性电荷有利于贴附。

在细胞贴附过程中，纤粘蛋白（fibronectin）、细胞表面蛋白（cell surface protein, CSP）等也参与了贴附。这些物质属于蛋白质，它们存在于细胞膜表面（如 CSP）或培养基中的血清，还从各种不同组织和生物成分中吸收多种促贴附物质。贴附是这一类细胞生长增殖的必要条件之一。细胞贴壁过程如图 4-7 所示。

初代培养细胞潜伏期在 24~96 h 或更长，连续细胞系和恶性细胞系潜伏期短，约 6~24 h，细胞接种密度大、潜伏期短。当培养细胞的分裂相开始出现并逐渐增多时，标志着细胞已进入指数增生期。

总而言之，在实验操作过程中，细胞表面与其他细胞及支持物黏附连接的分子产生破坏，细胞受到损伤。接种初期细胞有一个适应、恢复、积累代谢中间产物的阶段，组织块培养时，细胞会从组织块中迁移出来，在组织块周围或较远的地方贴壁生长，一般经数小时至几天。其过程首先是游离状态，细胞悬浮，胞质回缩，全部细胞变为圆球形，然后再开始吸附贴附底物，一般在 24 h 内会贴壁。在潜伏期，细胞有运动现象，基本无增殖，很少有分裂相。

影响细胞黏附的因素决定了滞留期的长短，它与接种的细胞密度、细胞类型培养条件等因素有关。①细胞密度。接种分散的细胞，接种细胞的密度越大、数量越多，细胞越易适应体外环境，潜伏期越短。相反，在很小的培养空间内，接种细胞数量不够大，潜伏期仍会较长。②细胞类型。传代培养细胞的潜伏期比原代培养细胞短。传代期细胞一般为 6~24 h，原代

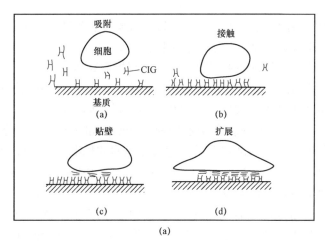

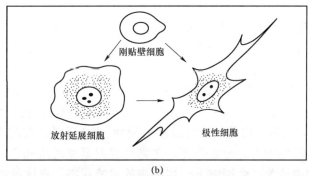

图 4-7 细胞贴壁过程

(a) 细胞贴壁的分子参与；(b) 细胞贴壁的二维图像变化；(c) 细胞贴壁的三维图像变化

培养期细胞一般为 24~96 h 或更长。单个细胞潜伏期短，细胞团或组织块潜伏期长。连续细胞系及发生恶性转化的细胞比有限细胞系（finite cell line）及正常二倍体细胞相比要短。③细胞来源。胚胎组织潜伏期短，两天即可见细胞生长，成体组织潜伏期要长。④细胞机能状态。细胞机能正常者潜伏期短，细胞机能不良者潜伏期长。⑤培养条件。优良的培养液、准确的 pH、合适的底物使潜伏期短，而发生培养液污染、有毒，则潜伏期长。

2）指数增生期（logarithmic growth phase）

这个时期是细胞增殖最旺盛的阶段，细胞分裂相增长很快。指数增生期细胞分裂相数量是判定细胞生长是否旺盛的一个重要标准。一般以细胞分裂指数（mitotic index, MI）表示，即任意选定细胞群中 1 000 个细胞中分裂相细胞的数量。细胞的分裂指数为 0.1%~0.5%，初代细胞分裂指数低，连续细胞系细胞和肿瘤细胞分裂指数高达 3%~5%。

在接种细胞数量合适的情况下，指数增生期持续 3~5 d 后，细胞数量不断增多，生长空间减小，细胞最后相互接触融汇成片。细胞相互接触后，如果是正常细胞，由于细胞的相互接触，会抑制细胞的活动，这种现象称接触抑制（contact inhibition）。而恶性细胞无接触抑制现象，因此接触抑制现象可作为区别正常细胞与癌细胞的标准之一。肿瘤细胞由于无接触抑制能继续移动和增殖，这样促使细胞向三维空间扩展，发生细胞堆积（piled up）。

正常细胞接触融汇成片后，虽发生接触抑制，但只要营养充分，细胞仍然能进行增殖分裂，因此细胞数量仍在增多。但细胞密度进一步增大，培养液中营养成分减少，代谢产物积累增多，细胞会因营养枯竭和代谢物的影响，发生密度抑制（density inhibition），导致细胞分裂停止。

总之，这一时期细胞的特点是细胞增殖最活跃、细胞活力最旺盛。培养物中细胞数量呈指数增长，细胞群体均一，是理想的实验用细胞。

3）停滞期（stagnate phase）

培养细胞数量增长达饱和密度后，细胞停止增殖，进入停滞期，细胞数量不再增加，这一时期也称平台期（plateau）（图 4-8）。停滞期细胞虽未增殖，但仍存在代谢活动，直至培养液中营养逐渐耗尽，代谢产物蓄积，导致溶液变酸、pH 降低。此时需马上做分离培养，即传代，不然，细胞轻则中毒、形态改变，重则从黏附器壁脱落死亡，故传代越早越好。传代过晚，如已有中毒迹象，会影响下一代细胞的机能状态。在这种情况下，虽然进行了传代，但细胞已受损，需再传 1~2 代，并换液淘汰死细胞，使受损轻微的细胞恢复后，才能用于其他实验目的。

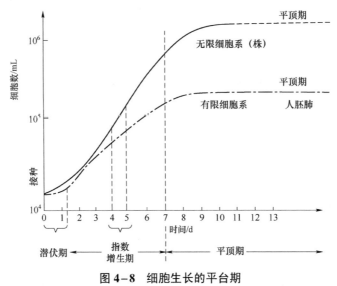

图 4-8 细胞生长的平台期

体内细胞的生长在动态平衡中，而培养组织细胞的环境是培养瓶或其他容器，生存空间和营养有限。当细胞增殖达到一定密度后，需要分离出一部分细胞并更新培养液，否则将影响细胞的继续生存，这一处理过程叫传代。

4.3 体外培养细胞的种类

1. 初代培养

初代培养或称原代培养,是指直接从体内取出细胞,组织或器官培养,获得第一次培养物。

2. 细胞系

初代培养物第一次传代培养后的细胞,称为细胞系。若细胞系的生存期有限,称为有限细胞系,已获无限繁殖能力且能持续生存的细胞系,称为连续细胞系或无限细胞系。

无限细胞系大多数已经发生异倍体化,呈异倍体核型,有的可能已变成恶性细胞,因此其本质上是发生转化的细胞系。无限细胞系有些只存在永生性,仍保留接触抑制及异体接种无致瘤性,若不仅存在永生性,异体接种也有致瘤性,则说明已恶性化。

3. 细胞株

从经过生物学鉴定的细胞系中,用单细胞分离培养或筛选,单细胞增殖形成的细胞群,称为细胞株。由原细胞株分离培养出与原株性状不同的细胞群,称为亚株(substrain)。

4. 二倍体细胞

细胞群染色体数目与原供体二倍细胞染色体数相同或基本相同(2n 细胞占 75%以上)的细胞群,称为二倍体细胞培养。仅数目相同,核型不同,即染色体形态改变为假二倍体。二倍体细胞在正常情况下生命期有限,属有限细胞系。但随供体年龄及组织细胞不同,二倍体细胞寿命长短各不相同。人胚肺成纤维细胞可传 50±10 代,人胚肾只能传 8~10 代,人胚神经胶质细胞可传 15~30 代。由不同年龄供体取材建立的二倍体细胞系可以研究人类的衰老,为使二倍体细胞长期利用,一般在初代或 2~5 代大量冻存细胞,作为原种(stook cells),使用时再进行繁殖,使用后继续冻存,可长期使用,并能有效延缓细胞的衰老。

5. 遗传缺陷细胞

从有先天遗传缺陷者取材培养的细胞,如成纤维细胞,或用人工方法诱发突变的细胞,都属遗传缺陷细胞。这类细胞可能具有二倍体核型,也可能呈异倍体核型。

6. 肿瘤细胞系或株

这是现存细胞系中数量最多的一类,我国已建细胞系主要是这类细胞。肿瘤细胞系多由癌或瘤组织建成,细胞多呈类上皮型,已传几十代或百代以上,并具有不死性及异体接种致瘤性。

4.4 细胞系或细胞株的命名

细胞系或细胞株的命名有多种方法,多为研究者根据细胞来源、细胞性质或实验室等情况命名的。如 HeLa 细胞是依据供体患者的姓名,细胞来源于宫颈癌。CHO 是中国地鼠卵巢细胞,是依据英文 Chinese Hamster Ovary 词头命名的。宫-743 是宫颈癌上皮细胞,1974 年 3 月建立,是依据来源和日期命名的。NIH3T3 是美国国立卫生研究院(National Institute of Health)建立的,这个细胞每 3 d 传代,每次接种 3×10^5 细胞/mL。NIH3T3 是依据实验室和细胞培养特点命名的。

4.5 细胞系或细胞株的鉴定、管理和使用

ATCC（American Type Culture Collection）是美国培养细胞库的简称，它是世界上最大的细胞库，为使细胞库顺利运行，制定了一系列规章制度。

希望入库的细胞要求进行一系列的检测，其项目如下，培养简历：组织来源日期、物种、组织起源、性别、年龄、供体正常或异常健康状态、细胞已传代数等。冻存液：培养基和防冻液名称。细胞活力：融解前后细胞接种存活率和生长特性。培养液：培养基种类和名称（一般要求不含抗生素）、血清来源和含量。细胞形态：类型，如为上皮或成纤维细胞等。融解后细胞生长特性。核型：二倍体或多倍体，有无特定的标记。染色体无污染检测：包括细菌、真菌、支原体、原虫和病毒等。物种检测：检测同工酶，主要为 G6PD 和 LDH，以证明细胞有否交叉污染以及反转录酶检测。免疫检测：一两种血清学检测。细胞建立者，建立者姓名，检测者姓名。

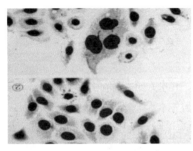

图 4-9 BGC-823 细胞

培养细胞的形态差异较大，呈现不同的形貌特点。如图 4-9 所示的 BGC-823 细胞，这是人胃腺癌细胞株，上皮细胞样，贴壁生长。神经元和星形胶质细胞如图 4-10 所示，有特征性的树突和轴突。骨髓细胞是骨髓内各种细胞的总称，包括各种血细胞系处于不同发育阶段的细胞，成分复杂。图 4-11 为骨髓细胞的形态。牙髓组织细胞分为这样几类：成纤维细胞，是牙髓的主要细胞，细胞星形状，有细胞质突起相互连接。成牙本质细胞，位于牙髓周围，排列成一层。未分化的间充质细胞和组织细胞，未分化的间充质细胞比成纤维细胞小，但形态相似。树突状细胞，主要分布于牙髓中央区的血管周围以及牙髓外周区。T 淋巴细胞，牙髓中主要的免疫反应细胞。图 4-12 为培养的牙髓细胞的形态。图 4-13 为培养的牙周膜细胞的形态。

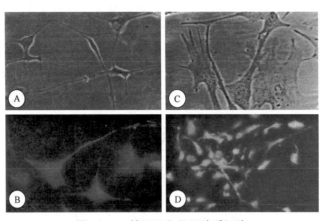

图 4-10 神经元和星形胶质细胞

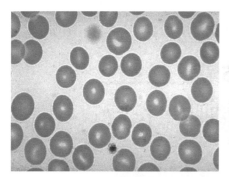

图 4-11　骨髓细胞的形态

图 4-12　培养的牙髓细胞的形态

图 4-13　培养的牙周膜细胞的形态

第 5 章
应力场与细胞生长

5.1 微重力细胞培养

体内细胞都受到应力的影响,这会导致细胞生物学行为的改变,如表型、基因表达、物质代谢及生长因子分泌等,这成为影响生物体生理和病理变化的主要因素之一。

微重力细胞培养方法有空间搭载、飞行模拟微重力、旋转式模拟微重力细胞培养体系(Rotating Cell Culture System,RCCS,图 5-1)等,空间搭载机会难得,飞行模拟获得的有效微重力时间较少,RCCS 操作简便、成本低廉,目前成为最常用的微重力细胞培养设备。

图 5-1 旋转式模拟微重力细胞培养体系

RCCS 是由一个同轴氧合器及一个水平旋转培养皿组成。当培养皿充溢培养基旋转时,培养基围着水平轴旋转。氧合器与容器壁以同样的角速度旋转。这使得培养容器内不易发生层流并具有最小的剪切力。细胞由于离心力、重力的作用而悬浮,因而在 RCCS 生物反应器内的细胞获得最小的机械应力和充分的营养物质、氧气等。气体经过硅树脂氧合器传输,避免气泡的生成和湍流。

二维细胞培养对生命的细胞生物学理解做出很大的贡献,但对解决细胞生物学的一些关键问题仍困难重重,尽可能地模拟体内环境是解决困难的方法。体内活细胞是三维的,不是二维的。为了模拟体内生物环境,体外培养体系必须设计成三维的才比较合理。

嵌入盘或孔板的三维细胞培养为最常用的三维细胞培养。尽管这个方法能形成较好的三维结构，但被有限的物质传递和缺少测量所束缚。在动态的细胞培养体系中，搅拌罐提供了非常好的物质传递，但这些体系的机械应力，不仅损坏细胞，还阻挠它们的集合。RCCS 提供了很好的质量传递和较低机械应力，可供培养构建 3D 培养物。

生物反应器的温度必须设定和维持在 37 ℃。旋转速度取决于细胞聚合体的直径。当容器转动时，培养细胞会互相堆积，在某一速度时细胞聚合体最大。依据斯托克斯方程，沉降速率随着细胞聚合体半径的平方而增加。随着聚合体体积的增加，它们更容易发生沉降，为了避免细胞聚合体与容器壁碰撞，有必要增加旋转速度。因此，一开始可以慢速旋转，当细胞聚合体体积增加，再增加旋转的速度。

RCCS 克服的主要困难之一是让作用在细胞上的机械应力减到最小。较多的气泡将增加湍流和机械应力。因而 RCCS 气体传输是经过分散来避免气泡的形成。随着时间的推移，细胞的呼吸会产生小气泡，去掉小气泡很有必要，使用注射器能够去掉气泡。

RCCS 最初设计意图是模仿微重力。在地面试验时，反应器中培养的细胞形成 3D 聚合体。这使它的应用范围从细胞生物学扩展到航天生物学，干细胞培育及再生医学和药物开发领域。

转瓶培养不是三维培养，而是二维培养。培养物沿着瓶壁成长，当瓶滚动，培养物就会与媒介接触。因而，这两个体系之间没有相似性。

在微载体上培育细胞时，装载它们进入反应器之前细胞是不需附在微珠上，微珠和细胞一起加入反应器，在反应器中的细胞会自动地附着微珠。

恒温箱维持培养的温度、pH 值、氧气供应量。水从氧合器蒸腾到恒温箱，会导致培养皿中发生气泡，为维持水蒸气的浓度，避免在培养容器里蒸腾，恒温箱的湿度也是很重要的。

5.2 模拟旋转培养系统的应用

传统静态细胞培养是在培养瓶中进行的。无论是细胞还是组织均生长在二维平面，并黏附在玻璃或塑料表面，这样将影响基因的表达。细胞无法持续生长分化，会发生去分化（dedifferentiation），使细胞逐渐失去原组织的生理特征。在动态培养系统中，细胞或组织是在物理外力的支持下悬浮，包括剪切力在内的许多因素会导致细胞及组织的损伤。

RCCS 利用培养盘进行培养，将培养液、细胞或组织一起加入培养盘，去除气泡。培养盘安装在旋转马达的基座上，细胞或组织团块因离心力及重力双重作用保持悬浮状态。随着细胞或组织生长，旋转速度需要调整，即细胞形成团块后，提高转速使其不会沉降。旋转让所有细胞有足够的接触，利于细胞的聚集。

培养生长中的细胞或组织以自由落体的状态悬浮，在没有搅拌、气泡等破坏性压力条件下，细胞或组织在培养液中呈自由落体状态并与培养液充分混合，容器内各方向的力达到平衡，细胞或组织不会受到单一方向力的影响，可朝任意方向均匀生长。

RCCS 应用十分广泛，在学术或临床研究都有作用。培养人体组织进行药物研究，培养替代组织，进行再生医学治疗，如肝脏、皮肤、骨髓、软骨、心肌、肺或其他组织等，均提供了最佳的装备，可达到最接近体内环境的条件。此系统还可利用肿瘤细胞等生产蛋白质、酶、激素、抗原或抗体等生物制品，如图 5-2、图 5-3 所示。

图 5-2　在三维系统内使用肝细胞培养的肝脏组织

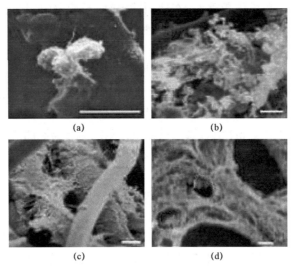

图 5-3　在三维系统内使用肺细胞成功培养出肺组织
(a) 1 周；(b) 2 周；(c) 6 周；(d) 8 周

　　RCSS 提供的低剪切力、高质量传递和模拟微重力的独特环境具有明显优势，可以在常规实验室组织培养箱中进行 3D 细胞生长，这种低剪切力培养环境可以培养可在传统培养技术下培养的各种细胞，能够生产出非常复杂的特征明显的组织样结构。

第6章
特殊组织细胞的培养

6.1 肿瘤细胞的培养概述

肿瘤细胞在细胞培养中占有核心位置,癌细胞比较容易培养,目前的细胞系中癌细胞系是最多的。肿瘤是威胁人类最大的一类疾病。肿瘤细胞培养涉及癌变机理,癌分子生物学的研究,也是筛选抗癌药的重要手段。

肿瘤细胞与正常细胞相比,无论体内或体外,在形态、生长增殖、遗传性状等方面都存在显著的不同。体内肿瘤细胞和在体外培养的肿瘤细胞差异较小,但也并非完全相同。正常细胞向癌细胞的转变如图6-1所示。

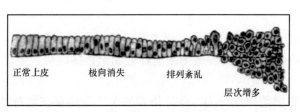

图6-1 正常细胞向癌细胞的转变

1. 形态和性状

培养中的癌细胞在光学显微镜下无特殊形态,大多数肿瘤细胞比二倍体细胞清晰,核膜、核仁轮廓明显,核糖体颗粒丰富。电镜观察癌细胞表面存在许多细密的微绒毛,微丝排列不如正常细胞规则,这可能与肿瘤细胞具有不定向运动和锚着不依赖性有关。正常细胞与癌细胞的比较如图6-2所示。

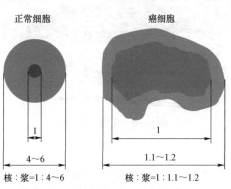

图6-2 正常细胞与癌细胞的比较

2. 生长增殖

体内肿瘤细胞增殖旺盛，并不受机体控制，在体外培养中仍如此。正常的二倍体细胞在体外培养中若不加血清就不能增殖，由于血清中含有很多细胞增殖生长因子，而癌细胞在低浓度的血清中（2%~5%）仍能生长。发现肿瘤细胞有自分泌或内分泌产生促增殖因子的能力。正常细胞发生转化后，能在低血清培养基中生长的现象，已成为检测细胞恶变的一个指标。

癌细胞或发生恶性转化后的单个细胞培养时，形成集落（克隆）的能力比正常细胞强。癌细胞增殖扩展时，接触抑制消除，能相互重叠向三维空间发展，形成杂乱的堆积物，如图6-3所示。

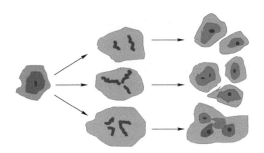

图6-3 恶性肿瘤细胞的病理性核分裂

3. 永生性

永生性或称不死性。在体外培养中，癌细胞可无限传代而不凋亡。体外培养中的肿瘤细胞系或细胞株都有这种性状，体内肿瘤细胞的行为尚无直接证明。但理论上应该是这样的。

4. 浸润性

浸润性是肿瘤细胞增殖扩张行为，体外培养的癌细胞仍存在这种性状。癌细胞与正常组织混合培养时，能浸润到其他组织细胞中，并能穿透人工隔膜生长。如发生在胸腹腔内器官的恶性肿瘤，侵润器官表面时，瘤细胞象播种一样种植在体腔其他器官的表面，形成多个转移性肿瘤。此即种植性肿瘤转移，如图6-4所示。

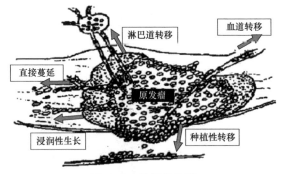

图6-4 肿瘤的转移

5. 异质性

肿瘤组织是由增殖能力、遗传性、细胞起源、细胞周期状态等不同的细胞组成的。异质性构成同一肿瘤内细胞活力不同的瘤组织，在瘤体周边的细胞获得血液供应多，增殖旺盛，中心区细胞衰老退化，或处于细胞周期阻滞状态，那些处于活跃增殖状态的细胞称为干细胞，只有这些干细胞才是支持肿瘤生长的主要成分。如图 6-5 所示，结肠癌组织与正常组织的界限不清。

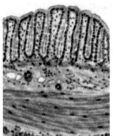 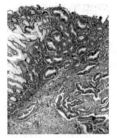

正常肠黏膜　　　　　　结肠癌组织（与正常组织交界）

图 6-5　正常肠黏膜与结肠癌的比较

6. 细胞遗传

大多数肿瘤细胞遗传学性质发生改变，如失去二倍体核型，变为异倍体或多倍体等。肿瘤细胞群由多个细胞群组成，有干细胞系和数个亚系，并随着外界环境的变化，不断进行适应性演变。

6.2　肿瘤细胞的培养方法

肿瘤细胞培养成功的关键在于取材，成纤维细胞的排除，合适的培养液和培养底物选择等。肿瘤细胞培养与正常细胞培养无原则差别，初代培养可采用组织块或酶消化法培养。

1. 取材

人肿瘤细胞一般来自外科手术或病人活检瘤组织。取材部位比较关键，体积较大的肿瘤组织中常常存在退变或坏死，取材时尽量避免退变组织，应挑选活力较好的部位。癌转移淋巴结或胸腹水是合适的培养材料。取材后应尽快培养，因故不能立即培养，需贮存在 4 ℃不超过 24 h。

2. 培养基

肿瘤细胞对培养基的要求比正常细胞低，实验室常用 RPMI-l640、DMEM、Mc-Coy5A 等培养基培养肿瘤细胞。肿瘤细胞在低血清培养基中也能生长。

肿瘤细胞对培养环境适应性强，因为肿瘤细胞有自分泌，可产生促生长因子。不同细胞需要不同的生长因子，肿瘤细胞与肿瘤细胞之间，肿瘤细胞与正常细胞之间对生长因子的需求存在差异。大多数肿瘤细胞培养仍需生长因子。有的还需要特异性生长因子，如乳腺癌细胞等。培养肿瘤细胞时，加血清和相关生长因子，细胞培养更易成功。

3. 成纤维细胞的排除

成纤维细胞与肿瘤细胞混杂生长时，肿瘤细胞纯化困难，成纤维细胞比肿瘤细胞生长快，最终能压制肿瘤细胞的生长。因此排除成纤维细胞是肿瘤细胞培养的关键，可采取以下几种方法。

（1）机械刮除法。机械刮除法是用不锈钢丝末端插橡胶刮头或特制电热烧灼器刮除，一般橡胶刮头用胶塞剪成三角形插以不锈钢丝或裹少许脱脂棉制成，使用前需装入试管中高压灭菌。其一般步骤为标记→刮除→冲洗→培养。

(2) 反复贴壁法。反复贴壁法利用肿瘤细胞比成纤维细胞贴壁速度慢的特点，同时使用无血清的培养液，反复贴壁，使两类细胞分离，操作方法与传代相同。

(3) 胶原酶消化法。胶原酶消化法是利用成纤维细胞对胶原酶较为敏感的特点，消化使成纤维细胞先脱离下来，以达到分离的目的。

4. 提高肿瘤细胞培养存活率和生长率的措施

肿瘤组织或初代培养后，常出现以下几种不良情况。细胞完全无游出或移动。虽有细胞移动和游出，但无细胞增殖。细胞长时间处于停滞状态难以传代。有细胞增殖，传代几次后停止生长或衰退死亡。传代几次后细胞增殖缓慢，一段停滞期后，才呈现旺盛生长，形成稳定生长的肿瘤传代细胞系。采取如下措施后，细胞生长效果良好。

(1) 加入适宜底物，即把经纯化的细胞接种在不同的底物上，如鼠尾胶原底层、饲细胞层等。

(2) 加入生长因子，向培养液中加入一种或几种促细胞生长因子。细胞种类不同，选用的促生长物不同，常用的有胰岛素、氢化可的松、雌激素或其他生长因子。

(3) 动物体媒介培养方法，在某些情况下，为提高肿瘤细胞对体外环境的适应性，增加有活力癌细胞的数量，用动物体转嫁接种成瘤后，再从动物体内取出培养，能提高体外培养的成功率。受体动物以裸鼠为佳。其方法为：①取新鲜瘤组织，用 Hanks 液洗净血污，剪切成 1～3 mm^3 的小块，用穿刺针头吸取瘤块，直接刺入皮下，注入瘤块。②饲养观察，待肿瘤生长体积较大后，剥离出瘤组织体外培养。③为防止失败，仍取瘤组织在裸鼠体内继续传代。

(4) 裸鼠移植瘤单细胞分离培养，在无菌条件下，取出小鼠移植瘤组织，剪成 1 mm^3 小块，0.5%胶原酶室温孵育 30～60 min，再加等体积 0.2%胰酶孵育 5～8 min，并不时用吸管吹打组织块，最后加血清终止消化。或分别用两个注射器中间加一小滤器连接，滤器中间垫两层丝质材料隔断组织块，并让单细胞通过，来回推动注射器吹打分离单细胞，最后终止酶消化，按常规方法接种培养，收获细胞。

5. 体外培养肿瘤细胞生物学检测

培养的肿瘤细胞在构成形态单一的细胞群、细胞系或细胞株后，需要做一系列的细胞生物学测定，目的在于证明所培养的细胞系确系来源于体内的恶性细胞，而不是正常细胞或其他细胞，且具有瘤细胞的特异性和一般生物学性状。测定项目视需要而定，以下为常做的项目。

形态观察，主要观察培养细胞的一般形态，如大体状态、核浆比例、染色质及核仁的大小和多少，细胞骨架微丝微管的排列状态等。

细胞生长增殖，检测培养细胞的生长曲线、细胞分裂指数、细胞倍增时间和细胞周期时间。

细胞核型分析，检测核型状态特点、染色体的数量、标记染色体的有无及带型等。

凝集试验，检测培养细胞的凝聚力。

软琼脂培养，检测培养细胞的集落形成能力。

异体动物接种，异体动物体内或皮下接种细胞悬液，观察其成瘤能力。

除上述项目外，可以根据需要做同位素标记、组织化学成分分析、荧光显微镜观察等。

最主要的检测项目为异体动物（以用裸鼠为上）接种成瘤，软琼脂培养，核型分析，细胞骨架和电镜观察。这些是癌细胞最主要的特征。

6.3 正常细胞的培养

1. 上皮细胞培养

上皮细胞，包括腺上皮是很多器官如肝、胰、乳腺等的功能部分，癌起源于上皮组织，因此，上皮细胞培养受到特别重视。培养的上皮细胞中经常混杂成纤维细胞，其生长速度超过上皮细胞，导致纯化困难，在体外上皮细胞难以长期生存，因此如何纯化并延长生存时间是培养上皮细胞的关键。

在体内，上皮细胞在胶原构成的基膜上生长，因此在有胶原的底物上培养有利于生长，另外人或小鼠表皮细胞培养在以NIH3T3细胞为饲养层（NIH3T3细胞经射线照射）时，细胞生长快，并发生一定程度的分化。降低pH、Ca^{2+}含量和温度，加入表皮生长因子，均能提高表皮细胞的生长能力。用皮肤表皮和真皮分离培养可获得纯上皮细胞。

2. 内皮细胞培养

内皮细胞很容易从主动脉血管分离培养，人内皮细胞培养通常用人脐带静脉灌流消化获得。内皮细胞是一层扁平的上皮细胞，呈多边形，相互嵌合。它与心血管病、肿瘤和炎症等有重要关系，因此，内皮细胞的培养有很大价值。

3. 神经胶质细胞培养

神经细胞很难培养，在合适的情况下，其接种在胶原基底膜上，或加入神经生长因子和神经胶质细胞生长因子，神经细胞可出现一定程度的分化，出现突起等，但还是很难增殖。神经元细胞如图6-6所示。

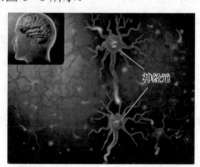 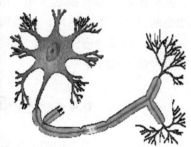

图6-6 神经元细胞

实际上，神经胶质细胞是神经组织中比较容易培养的部分。动物脑组织用于神经胶质细胞培养能获得胶质细胞，还可培养成能传代的二倍体细胞系。一般情况下，培养的胶质细胞生长不稳定，亦不易自发转化，但对外界环境仍保持很强的敏感性，可用Rous肉瘤病毒和SV40病毒等诱发细胞转化。

4. 肌组织培养

各种肌组织均可以培养，心肌和骨骼肌培养最为普遍。最早培养的肌肉细胞是心肌细胞，今天心肌仍不失为好的肌细胞培养材料，常用的是鸡胚心肌，心肌比较容易培养，可用悬滴培养、组织块培养和消化培养，效果良好。原代培养的鸡胚心肌呈纺锤形，一周可见成功培养细胞的节律性收缩。

5. 巨噬细胞培养

巨噬细胞属免疫细胞一类，具有多种生理功能，巨噬细胞容易获得，培养方便，纯化简易。但巨噬细胞属于不繁殖细胞群，在适宜条件下能存活 2~3 周，仅能做原代培养，难以长期生存。巨噬细胞为研究细胞吞噬，细胞免疫和分子免疫学的重要模型细胞。

巨噬细胞建有无限细胞系，来自小鼠为多，恶性，呈巨噬细胞形态，有吞噬功能，易传代，建株困难。巨噬细胞的培养来源于获取的各种细胞，以小鼠腹腔取材最为方便实用。肺巨噬细胞吞噬大肠杆菌如图 6-7 所示。

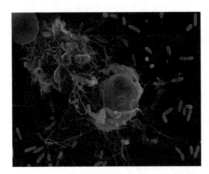

图 6-7 肺巨噬细胞吞噬大肠杆菌

现在亦有生物公司开发的培养系统可供使用，如呼吸道上皮细胞培养环境、内皮细胞培养环境、肝细胞分化培养环境、肠上皮细胞分化环境和平滑肌细胞分化环境等，可应用于呼吸道疾病的体外模型，内皮细胞和平滑肌细胞的增殖模型，肝脏毒理、药物吸收代谢和肿瘤侵袭体外模型。

细胞培养环境——这种细胞培养器皿是由普通的细胞培养器皿经胶原、纤维粘连蛋白、明胶等胞外基质包被并经过特殊处理的产品。产品分为常规培养器皿和骨骼细胞培养器皿。可应用于细胞黏附实验，受体-配体结合，常规药物筛选，组织形态研究，细胞与胞外基质作用，信号转导和基因表达调控。

细胞培养小室是经过细胞外基质（ECM）（胶原Ⅰ型、胶原Ⅳ型、纤维胶原、纤维粘连蛋白、层粘连蛋白）包被的培养小室。细胞接种到小室底部 PET（polyethylene terephthalate，聚对苯二甲酸乙二醇酯）膜上后，嵌入孔板浸培养，由于膜上分布一定大小的孔径，所以膜上细胞分泌的分子会穿过 PET 膜孔到达下面。PET 的透明度高，可以直接取下染色、固定，在显微镜下观察细胞的极性、形态结构、分裂增殖的动态变化。其可应用于上皮细胞极性，不同类型细胞的分化、运输和渗透性研究，内皮细胞的迁移，肿瘤细胞侵袭检测，趋化研究，体外毒理研究和两种细胞共培养。

6.4 一些重要的细胞系

在细胞生物学的研究中，由于细胞的多样性，逐步积累了数以千计的细胞系，这些细胞大多数背景清楚、培养方便，获得了广泛应用，现就实验室中常用的细胞系做一介绍。表 6-1 为实验室中常用的几种细胞系。

表 6-1 实验室中常用的几种细胞系

细胞系名称	细胞类型	来源
NIH3T3	成纤维细胞	小鼠
HeLa	宫颈癌上皮细胞	人
BHK21	成纤维细胞	叙利亚仓鼠
PtK1	上皮细胞	袋鼠
L6	成肌细胞	大鼠
PCl2	嗜铬细胞	大鼠

续表

细胞系名称	细胞类型	来源
SP2	浆细胞	小鼠
SP2/0	骨髓瘤浆细胞	小鼠
CHO	卵巢细胞	中国地鼠

NIH3T3,高敏感接触抑制性的连续细胞系,使用 NIH Swiss 鼠的胚胎组织培养建立,与原始随机培养 3T3 和 BALB/c 3T3 的方式相同。建立 NIH3T3 细胞系经过 5 次亚克隆,其亚克隆在外形特征上非常适合转化实验,这些细胞使用灭活病毒的 DNA 转染和转化,如图 6-8 所示。

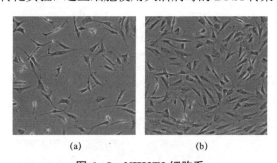

图 6-8　NIH3T3 细胞系
(a) 低密度培养;(b) 高密度培养

HeLa 细胞是 1951 年从一位姓名为 Henrietta Lacks 的妇女身上取下的宫颈癌细胞培养而来。该细胞系一直沿用至今,如图 6-9 所示。转染腺病毒 E1A 基因的人肾上皮细胞系属于腺病毒转染细胞的一类,腺病毒导致细胞癌化,转变成细胞系,如图 6-10 所示。

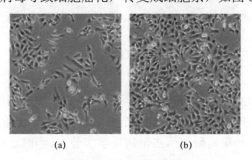

图 6-9　HeLa 细胞系
(a) 低密度培养;(b) 高密度培养

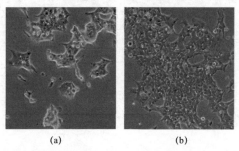

图 6-10　转染腺病毒 E1A 基因的人肾上皮细胞系
(a) 低密度培养;(b) 高密度培养

COS-7 细胞系（图 6-11），这个细胞系起源于 CV-1 细胞株（ATCC CCL-70），CV-1 来源于非洲绿猴的肾细胞。其由含野生型 T 抗原的 SV-40 转染、突变转化得到。

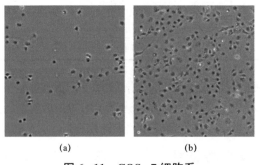

图 6-11　COS-7 细胞系
（a）低密度培养；（b）高密度培养

二氢叶酸还原酶缺陷型细胞 CHO（图 6-12）是成纤维细胞，在培养基中有血清存在时贴壁生长，通过驯化处理后，可以悬浮生长在无血清且化学成分确定的培养基中，这有利于克服大规模生产生物制品中血清蛋白对后期产物纯化造成的困难。

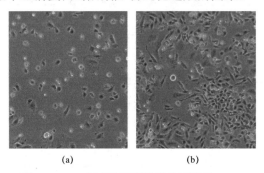

图 6-12　二氢叶酸还原酶缺陷型细胞 CHO
（a）低密度培养；（b）高密度培养

Vero 细胞系（图 6-13）最初是在 1962 年 3 月 27 日由 Y.Yasumura 和 Y.Kawakita 在日本千叶市千叶大学从成年绿猴肾细胞建立的。这个细胞系被千叶大学的 B.Simizu 于 1964 年 6 月 15 日带到美国国家过敏和传染病研究所热带病毒学实验室，当时已传 93 代。经过进一步改造，成为现在的 Vero 细胞系。

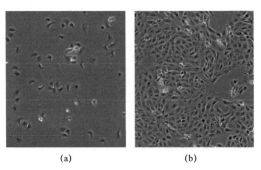

图 6-13　Vero 细胞系
（a）低密度培养；（b）高密度培养

EL4 细胞（图 6-14）由 9，10 二甲基-1，2 苯蒽诱导的淋巴系病原细胞建立，C57BL 鼠细胞膜对 0.1 mM 的该苯蒽衍生物敏感，在 20 μg/mL PHA 刺激下，由灭活病毒诱导产生的亚细胞系产生高剂量的 IL-12。

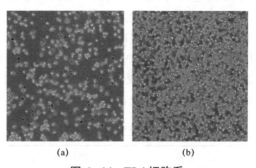

图 6-14　EL4 细胞系
（a）低密度培养；（b）高密度培养

Collins S.J.等从患急性淋巴细胞病的 36 岁高加索妇女外周血中分离了淋巴细胞，HL-60（图 6-15）是从这种淋巴细胞中获得的。HL-60 细胞能自发地分化，并且这个分化过程能被酪酸盐、次黄嘌呤、佛波脂、DMSO（1%～1.5%）和视黄酸所刺激。细胞表现出吞噬活性和趋化刺激应答，myc 癌基因能够表达。

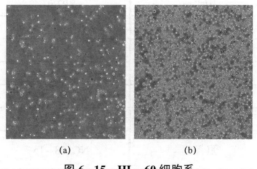

图 6-15　HL-60 细胞系
（a）低密度培养；（b）高密度培养

Hep G2 细胞系（图 6-16）表达 3-OH-3-戊二酰基 CoA 还原酶，具有肝脏三酸甘油酯脂肪酶活性，细胞增加 Apo-1 mRNA 表达，并且过硫酸钾能增加过氧化物酶 mRNA 表达。在这个细胞株中不存在 Hep B 病毒基因。

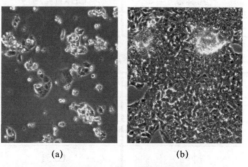

图 6-16　Hep G2 细胞系
（a）低密度培养；（b）高密度培养

Lozzio 兄弟建立了 K-562 连续细胞系，他们从末期危重的 53 岁白血病妇女的胸膜渗出液中获得白细胞，细胞群被表征为高不分化粒细胞系列。Anderson 等人从表面膜性能推断 K-562 是人红细胞株。K-562 细胞株为 NK（natural killer，NK 自然杀伤）细胞广泛的高敏感性目标。K-562 是多潜能红系恶性细胞，这个细胞能自发地分化成可识别的红系细胞和单核细胞。美国组织细胞库所获数据显示，这个人 NK 细胞的敏感细胞株可用于肿瘤研究。各种不同的 K-562 亚细胞株已经被 Dimery 等分成三个群（A、B、C）。

更多的细胞系归纳在表 6-2 中。小鼠来源的肿瘤细胞系列在表 6-3，大鼠来源的肿瘤细胞系列在表 6-4，一些人源的肿瘤细胞系列在表 6-5。

表 6-2 重要的细胞系

细胞系代号	细胞名称	细胞系代号	细胞名称
EL4	淋巴瘤	Pcc4	胚癌细胞
EL4IL-2	淋巴瘤	P815	肥大细胞瘤
YAC-1	淋巴瘤	MFC	前胃癌
L1210	淋巴白血病	AtT20	垂体瘤
P388D1	淋巴样瘤	NS-1	骨髓瘤
SRS-82	腹水瘤	SP2/0	骨髓瘤
SAC-IIB2	腹水瘤	P3-NS-1/1-Ag4.1	骨髓瘤
SAC-IIC3	腹水瘤	45.6.TG1.7	骨髓瘤
S180	腹水瘤	P3-X63-Ag8	骨髓瘤
B16	黑色素瘤	J774A.1	单核细胞-巨噬细胞
C127	乳腺肿瘤	RAW264.7	单核细胞-巨噬细胞
F9	胚胎瘤	NG108-15	小鼠神经细胞瘤×大鼠神经胶质细胞杂交细胞

表 6-3 小鼠来源的肿瘤细胞系

细胞系代号	细胞名称	细胞系代号	细胞名称
C6	胶质瘤	RH-35	肝癌
SHZ-88	乳腺癌	CBRH-7919	肝癌
PC-12	肾上腺嗜铬细胞瘤		

表 6-4 大鼠来源的肿瘤细胞系

细胞系代号	细胞名称	细胞系代号	细胞名称
HBL-100	乳腺细胞	BT-325	神经胶质瘤
SMC-1	恶性胸膜间皮瘤	SK-N-SH	神经母细胞瘤
A549	肺癌	U251	星形胶质瘤
A2	肺癌	SHG-44	胶质瘤

续表

细胞系代号	细胞名称	细胞系代号	细胞名称
95-D	高转移肺癌	A375	恶性黑色素瘤
Calu-3	肺腺癌（胸膜渗出液）	Bowes Melanoma	黑色素瘤
LTEP-a-2	肺腺癌	MM96L	黑色素瘤
NCI-H460	大细胞肺癌	6T-CEM	T细胞白血病
SH-77	小细胞肺癌	J-111	单核细胞白血病
NCI-H446	小细胞肺癌	Dami	巨核细胞
SPC-A-1	肺腺癌	CHMas	肥大细胞白血病
SGC-7901	胃腺癌	HEL	红细胞白血病
BGC-823	低分化胃腺癌	HL-60	原髓细胞白血病

表6-5 人来源的肿瘤细胞系

细胞系代号	细胞名称	细胞系代号	细胞名称
MKN-45	低分化胃癌	K562	慢性髓原白血病
LoVo	结肠腺癌	Hut-78	皮肤T细胞淋巴瘤
Ls-174-T	结肠腺癌	Hut-102	皮肤T细胞淋巴瘤
HCT-8	回盲肠腺癌	Namalwa	Burkitt's淋巴瘤
HCe-8693	盲肠未分化腺癌	Jurknt.Clone E6-1	白血病细胞
HR-8348	直肠腺癌	THP-1	单核细胞
BEL-7402	肝癌	U937	组织细胞淋巴瘤
BEL-7404	肝癌	Raji	Burkitt's淋巴瘤
BEL-7405	肝癌	MEG-01	成巨核细胞白血病
HepG2	肝细胞癌		

第7章
植物组织培养

7.1 植物细胞培养

离体植物的器官、组织或细胞,培养一段时间,细胞分裂会形成愈伤组织。高度分化的植物器官、组织或细胞能产生愈伤组织,这被称为植物细胞的去分化,或者称为脱分化。去分化产生的愈伤组织继续进行培养,又重新分化成根或芽等器官,这叫作再分化。再分化形成的试管苗,培育复壮后移栽,会发育成完整的植物。此即植物细胞具有全能性。

植物细胞培养可采用如下方法进行:①组织培养,对植物组织细胞诱发产生愈伤组织,在适宜条件下,可培养出再生植株。其可用于研究植物的生长发育,分化和遗传变异,获取代谢产物等。愈伤组织指植物细胞在组织培养过程中,形成无规则且排列疏松无特定形态高度液泡化的薄壁细胞。②悬浮细胞培养,将游离的单细胞或细胞团,按照一定的细胞密度悬浮在液体培养基中,用摇床、转床或流化床进行培养的方法。它以愈伤组织培养技术为基础,适宜产业化大规模细胞培养,获取代谢产物。③原生质体(protoplast)培养,植物细胞脱去细胞壁后,称为原生质体,它有如下特点:容易摄取外来遗传物质。方便细胞融合,产生杂交细胞。具有全能性,能产生细胞壁,经诱导分化成完整植株。④单倍体培养,用花药或花粉单独培养可获得单倍体植株,可人工加倍,得到完全纯合的个体。植物细胞培养技术如图7-1所示。

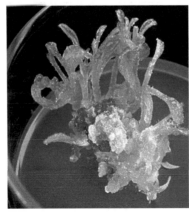

图7-1 植物细胞培养技术

将植物的离体组织培养在琼脂固体培养基上，在植物遗传工程中已经得到广泛的应用，这项技术已用于细胞的形态、生理、遗传和凋亡等研究工作，特别是为在植物细胞水平上的基因工程操作提供了理想的方法和途径，遗传转化的植物细胞经诱导分化形成植株，可获取携有目标基因的幼苗。但这种方法存在一些缺点，在培养过程中，植物愈伤组织的营养成分、产生的代谢物梯度分布、琼脂中的一些不明物质也对培养物产生影响，导致植物组织生长发育和代谢产生变化，而液体培养基可以克服这一缺点，当植物组织在液体培养基中生长时，通过薄层振荡培养或向培养基中通气改善培养基中氧气的供应。

把未分化的愈伤组织转移到液体培养基中进行培养，一般可用 100～120 r/min 的速率进行旋转振荡。由于液体培养基的旋转振荡，愈伤组织分裂的细胞不断游离，培养物在液体培养基中是混杂的，有游离的单细胞、较大的细胞团及死细胞残渣。

在液体悬浮培养中，及时进行继代细胞培养，因在某一时刻培养物就进入分裂静止期，多数悬浮培养物在培养到 18～25 d 时达到最大密度，这时应考虑进行继代培养，用无菌吸管吸取部分培养物在新培养基中继续培养，除去较大的细胞团块和接种物残渣。从植物器官或组织建立细胞悬浮培养体系，包括愈伤组织的诱导、继代培养、单细胞分离和悬浮培养。

7.2 植物器官培养

植物器官培养使用的培养基和培养方法，与组织培养差别不大，对含叶绿素的器官，需要在光照下培养，在仅含无机盐的培养基中就能发育。若在暗处培养，不供给呼吸基质和维生素类则不能生长。植物的培养组织形成器官，比动物器官生成要强得多。许多组织培养，培养时间长了，便过渡到器官培养，所以这里不宜严格区分，可把器官培养概括为广义的组织培养。图 7-2 所示为植物的花器官。

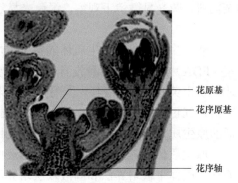

图 7-2 植物的花器官

7.3 植物原生质体培养

原生质体（图 7-3）指脱去植物细胞壁有生活力的裸露原生质团。其虽然没有细胞壁，但具有活细胞的一切特征。原生质体是由质膜所包围的具有生活力的"裸露细胞"。

原生质体培养就是对离体植物的原生质体进行培养，形成完整植株的培养技术。

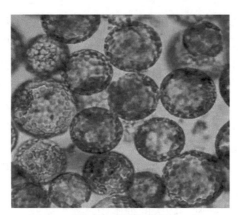

图 7-3 原生质体

原生质体无细胞壁障碍，方便进行遗传操作，能对膜、细胞器等进行基础研究。原生质体具有全能性，进行人工培养可发育成完整植株。原生质体容易诱导融合，形成杂种细胞。

原生质体常用机械分离和酶解分离获得。机械分离可分离藻类原生质体，先用渗透压迫使细胞发生质壁分离，再把细胞壁切破，使原生质体流出。但手工操作难度大、效率低。酶解分离用纤维素酶或果胶酶等将细胞壁分解，由于条件温和，所获原生质体完整性好、活力强、得率高。

原生质体的纯化一般采用沉降、漂洗或界面分离。

原生质体的鉴定方法较多，有低渗胀破法，即把原生质体置于低渗透溶液中，在显微镜下观察，原生质体无细胞壁，胀破留下的残迹是无形的。原生质体有部分细胞壁，原生质体从无细胞壁部分吸水膨胀直至胀破，仍留下半圆形的细胞壁。还有荧光染色法，将原生质体置于离心管中，加入含 0.05%~0.1%荧光增白剂，溶解在 0.7 mol/L 甘露醇溶液中，染色 5~10 min，离心洗涤，除去多余染料，荧光显微镜下观察，绿色光显示纤维素的存在，红色光则为无纤维素的原生质体。

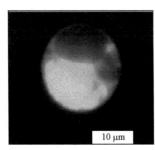

图 7-4 FDA 染色荧光

活原生质体与死原生质体的鉴定采用以下方法：①二乙酸荧光素（FDA）法，FDA 本身没有荧光，需要活的原生质体分解 FDA，才能发出荧光（图 7-4）。②酚藏花红染色法，活的原生质体吸收染料显红色，死的原生质体不吸收染料显白色。③伊文思蓝染色法，活的原生质体不吸收染料无显色，死的原生质体吸收染料显蓝色。

原生质体培养方法很多，主要有液体浅层培养法、液体悬滴培养法、固体平板培养法和固液双层培养法等，如图 7-5 所示。

原生质体培养成植株经历细胞壁再生，细胞分裂成细胞团，愈伤组织或胚状体，植株再生几个过程。

在适宜条件下，原生质体开始膨胀，叶绿体出现重排，并合成了新的细胞壁，外形由球形变成椭圆形。植物细胞开始分裂，分裂时间随细胞来源不同而不同。细胞持续分裂成细胞团，再形成愈伤组织。在诱发条件下，芽和根生成，发育成完整植株。

原生质体具有重要的理论和实际意义，是细胞生物学与遗传学研究的重要工具。植物原生质体是植物细胞融合工作的前提和基础（图 7-6），是植物遗传工程理想的可操作实验材料，为细胞无性系变异和突变体筛选提供了重要资源。

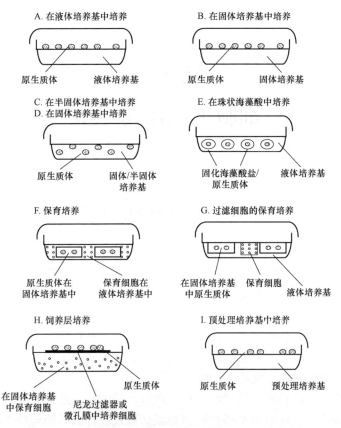

图 7-5 原生质体培养方法

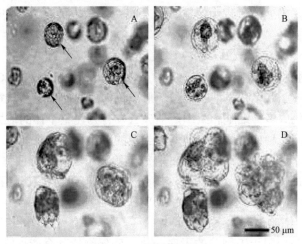

图 7-6 原生质体融合

第 8 章
细胞工程及其应用

8.1 干细胞培养技术

1. 干细胞

干细胞是具有自我更新能力的永生细胞,能够产生高度分化的一种以上子代细胞。干细胞在某一特定条件下能够分化成某种功能的细胞。

1) 胚胎干细胞

胚胎干细胞来自早期胚胎组织,体积小,细胞核大,核仁明显,具有发育全能性,可分化为成年动物的任何组织细胞。在体外特定培养条件下,胚胎干细胞可不断增殖,不发生分化,这类细胞适宜冷冻保存,也能进行遗传改造。

正常胚胎发育过程严格按预设的时空程序进行,是细胞间及核质间相互作用的结果。从干细胞分化为体细胞,关键因素是哪些基因被激活以及在什么时间与位点被激活。细胞环境中,各种细胞因子的类型与浓度是基因选择激活的重要因素。细胞分化是部分基因选择性激活或差异表达,多个基因表达过程中,在数量和时空上精确关联并紧密配合,受不同层次基因调控网络精确的控制。

2) 干细胞的分类

全能干细胞包括胚胎干细胞和生殖干细胞(embryonic germ cells,EG 细胞),它们均具有全能性,能分化成人体 200 多种类型的细胞,形成机体的任何组织和器官。

多能干细胞可分化成多种细胞和组织,但失去发育为完整个体的能力。

专能干细胞只能向一种或密切相关的两种类型的细胞种类分化。

胚胎干细胞可从早期胚胎、原始生殖细胞或畸胎瘤组织获得,被称为万能细胞。组织干细胞(somatic tissue-derived stem cells,STSC)分布于成年动物和人体组织中,它能构建和补充某种组织细胞,如骨髓造血干细胞(HSC)、间质干细胞(MSC)和神经干细胞(NSC)等。

2. ES 细胞和 EG 细胞培养建系技术

首先解决的问题是要阻止干细胞的无序分化,确保维持其全能性或多能性。一般采用细胞分化抑制物,常见的有饲养层细胞(feeder layer cell)、特殊条件培养基(conditional medium,CM)和分化抑制因子(differentiation inhibitory factor,DIF),如白血病抑制因子(leukemia inhibitory factor,LIF)等。

1) 饲养层细胞培养

常用的饲养层细胞有鼠胚胎成纤维细胞(mouse embryonic fibroblast,MEF),它源于 12 dpc(days post coitum),常用原代或最初 8 代前的细胞。STO(SIM-6-thiogunanie-oualiain)细胞

来自对硫代鸟嘌呤和乌本苷有抗性的小鼠胚胎成纤维细胞系,分泌干细胞生长因子(stem cell factor,SCF)和 LIF。

2)无饲养层培养

在 ES 细胞基础培养液中加入 LIF、Buffalo 大鼠肝细胞条件培养液(BRL-CM)和 2~3 周大鼠心肌细胞条件培养液(RH-CM)。这三种条件培养液可直接用于小鼠 ES 细胞的培养。

3)胚胎细胞来源

小鼠采集 3~4 d 胚泡或 2~3 d 桑椹胚,猪采集 8~10 d 胚泡,绵羊采集 8~9 d 胚泡,人和牛采集 7~8 d 胚泡,小鼠超排卵途径收集胚胎,人采集体外受精卵或流产胎儿。

4)ES 细胞和 EG 细胞的培养过程

组织培养法分离胚胎干细胞,先分离出胚泡,再从胚泡中获取干细胞,如图 8-1 所示。

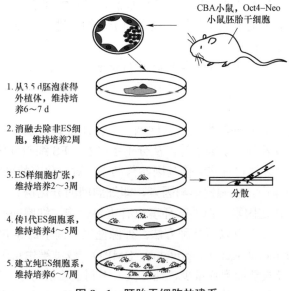

图 8-1 胚胎干细胞的建系

5)ES 细胞和 EG 细胞的特性和鉴定

ES 细胞和 EG 细胞的形态学特征为一个或几个核,核质比例高,呈圆形或卵圆形,单层或多层紧密堆积成岛状或巢状集群。ES 细胞质结构简单,散布大量的核糖体和线粒体,DNA 多处于常染色质状态。

细胞发育全能性和分化潜能鉴定:①干细胞中的碱性磷酸酶活性较高。②干细胞中端粒酶活性较高。③干细胞不能被 Hoechst33342、Rhodamine123 荧光染料染色。④干细胞膜表面存在特殊的标记 SSEA-3、SSEA-4、TRA-1-60 和 TRA-1-81。⑤干细胞能分化成三个胚层,将胚胎干细胞植入免疫缺陷小鼠皮下可产生畸胎瘤。⑥干细胞可诱导分化为各种成体干细胞。⑦嵌合体动物的产生说明 ES 细胞或 EG 细胞具有发育全能性。

3. ES 细胞和 EG 细胞体外诱导分化

1)细胞诱导分化

细胞诱导分化是细胞与其环境间复杂而又密切相互作用的分子细胞学过程。被诱导细胞可逆性的轻度损伤,或诱导物与被诱导细胞表面受体结合诱导细胞分化,常见的诱导物有

VEGF（Vascular endothelial growth factor，血管内皮生长因子）、bFGF（basic fibroblast growth factor，碱性成纤维细胞生长因子）、DMSO、RA（retinoic acid，视黄酸）、类固醇激素和维甲酸衍生物等。

2）ES 细胞和 EG 细胞定向诱导分化

把 ES 细胞和 EG 细胞体外定向诱导分化成单一的分化细胞，这是至今仍未解决的难题。

单层 ES 细胞培养和诱导分化，细胞以常见的单层细胞培养，在特定诱导条件下逐步分化。ES 细胞拟胚胎形成和诱导分化，ES 细胞在特定培养条件下，逐步形成拟胚胎的形式，在此基础上再进行诱导分化。

软琼脂培养，这一培养方法选择性地使已转化的细胞进行增殖，而抑制正常组织的增殖，通常琼脂含量为 0.5%。

悬滴培养在干细胞分化实验中常用。约 30 μL/滴，每滴中细胞含量 400~600 个。用悬滴培养干细胞，大约两天后就能形成拟胚体，这有利于干细胞进一步分化为体细胞。

3）ES 细胞体外诱导分化基本方法

1981 年，Evans 等人从小鼠囊胚的内细胞团（inner cell mass，ICM）分离建立胚胎干细胞以来，ES 细胞的诱导分化方法取得了长足的进展，已分化培养了神经细胞、心肌细胞、血管内皮细胞等。

细胞分化受内源性因素和外源性因素共同调节。内源性影响因素，即不同基因在不同时间和空间的开启和关闭及各种转录因子等。从分子水平看，ES 细胞分化的本质可以归结为基因表达调控。基因的差异表达，有些奢侈基因参与其中，对分化有特殊作用。细胞质对 ES 细胞的分化起着决定性的作用。外源性影响因素，即细胞间的分化诱导、分化抑制及细胞外物质的介导作用。内因是决定因素，但外部环境也有重要影响。细胞间的分化抑制以及已分化的细胞产生的抑制因子。一般有以下几种方法：外源性生长因子诱导 ES 细胞分化，维甲酸，骨形态发生蛋白（bone morphogenetic proteins，BMPs），成纤维生长因子（fibroblast growth factors，FGFs）等，诱导成熟细胞数量少、纯度低，不利于移植治疗。转基因诱导 ES 细胞分化，应用转基因技术使某促分化基因在细胞中过表达。共培养诱导 ES 细胞分化，微环境对细胞分化有重大影响。

4）ES 细胞体外诱导分化的几种细胞

目前，已经在体外诱导分化成功的细胞有很多种，如造血细胞、内皮细胞、神经细胞、心肌和其他肌肉细胞、脂肪细胞、软骨细胞和胰岛细胞等。

4. 诱导分化细胞的永生性

ES 细胞诱导的终末分化细胞或前体细胞只能原代培养，不能在体外长期培养传代，成为永生细胞系。目前只有 3 株内胚层细胞系能长期在体外增殖：脏壁内胚层性质的 YPS 细胞系，原始内胚层和介于脏壁内胚层及内脏内胚层之间类型的 Dif-5 细胞系与 SV40 转化细胞系。

5. ES 细胞和 EG 细胞技术的应用

（1）其作为哺乳类发育的体外模型，具有重要的理论意义，可用于研究哺乳动物个体发生和发育的规律，在体外条件下，是理想的研究细胞分化的材料。

（2）介导改造动物的基因，在物种改良和建立动物疾病模型方面作用巨大。

（3）人体基因和细胞治疗，特别是神经系统疾病，骨和软骨疾病，血液病，肝病等严重危害人类的重大疾病。ES 细胞通过诱导分化可产生新的组织细胞，用于治疗人类的组织损伤。

（4）非常适合作为组织工程的种子细胞来源。

（5）ES 细胞体外诱导分化，可定向培育人造组织器官用于移植，解决供体器官不足和移植后免疫排斥的困难。

6. 成体干细胞

1）成体干细胞的释义

胚胎干细胞经过某种分化，可生成特定功能的干细胞，这些专门化的干细胞称为多能干细胞。在胚胎、儿童和成人组织中存在的多能干细胞称为"成体干细胞"。或成体干细胞指一群分布在成体组织中，还未分化的具有自我更新，负有构建和补充某种组织的各类细胞潜能的干细胞。

成体干细胞能跨越组织或胚层进行分化，即成体干细胞的可塑性（plasticity）或横向分化。2001 年，斯坦福大学的 Blau 等人提出成体干细胞是由许多类型不同的细胞组成。这包括已分化细胞等形成的一种"状态"，这类细胞存在于特定组织，还可通过血液输送到身体各部分，参与各种类型组织的再生和修复。在正常生理条件下，它倾向于分化为所在组织的细胞。在特殊条件诱导下，它能超越特定组织分化为其他组织的细胞，参与其他损伤组织的修复。例如骨髓成体干细胞在正常生理环境中长期生存，还可分化为成骨细胞、软骨细胞、脂肪细胞、平滑肌细胞、成纤维细胞、骨髓基质细胞、多种血管内皮细胞，肝卵圆细胞，神经胶质细胞和心肌细胞。

2）成体干细胞的可塑性

成体干细胞存在分化成某些体细胞的潜能。在一定的条件下，高度纯化的造血干细胞可分化成肝细胞、内皮细胞和心肌细胞。骨骼肌干细胞可分化成造血细胞。中枢神经系统干细胞可分化成血液细胞、肌肉细胞和其他体细胞。这种跨系统分化特性称为成体干细胞的"可塑性"。

（1）骨髓干细胞。

骨髓干细胞的分化如图 8-2 所示。

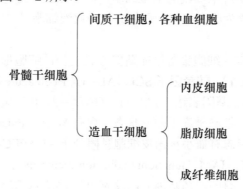

图 8-2 骨髓干细胞的分化

间质干细胞和造血干细胞可塑性很强，可分化为跨越胚层的各类细胞，如神经细胞、软骨细胞、骨细胞和肌肉细胞等。在体外培养 MSC 时，它有分化为内皮细胞、脂肪细胞、成纤维细胞、软骨细胞、骨细胞、肌肉细胞等的潜能。在异常环境中，MSC 细胞分化的可塑性增强。HSC 是各种血液细胞的总来源，它存在于骨髓、外周血和脐带血中。HSC 细胞表面存在某些标志蛋白，用流式细胞仪或免疫磁性分选技术从骨髓细胞中分离出来。在不同的环境中，HSC 可分化为不同类别的细胞。HSC 的移植在治疗血液系统疾病及多发性和转移性恶性肿瘤方面十分有效。

(2) 神经干细胞。在神经系统中，神经干细胞是能自我更新，产生神经元和神经胶质细胞的前体细胞。神经干细胞只能向一种类型或相关的两种类型的细胞分化。这说明成体干细胞的分化潜能受到限制（图 8-3）。

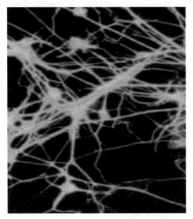

图 8-3　神经细胞

神经干细胞分化为神经细胞的潜能依赖于发育的环境，体外培养移植实验发现神经干细胞在一定的生理环境中具有可塑性。1999 年，Bjounson 将神经干细胞分化得到血液细胞。这开创了成体干细胞跨越组织和胚层分化研究的热潮。神经管形成前，整个神经板可检测到神经干细胞的选择性标记骨架蛋白巢蛋白（nestin），神经干细胞存在于海马回和次脑室区等神经发生区。在成年动物嗅球、皮层、室管膜层或下层、纹状体、海马齿状回颗粒细胞下层等脑组织中分布着神经干细胞。脊髓隔区也能分离出神经干细胞。脊髓损伤时，神经干细胞向神经元分化受到抑制，神经胶质细胞大量增加，这可能是构成生成神经元的微环境。

(3) 肝干细胞。1958 年，Wilson 等人确信在肝组织中存在干细胞，原因是肝组织在营养损伤或部分切除时，均有再生能力。在体外，肝卵圆细胞能大量增殖，这些细胞移植后可分化为肝细胞和胆管上皮细胞，说明肝的卵圆细胞就是肝干细胞。

移植肝干细胞到胰腺和十二指肠。肝干细胞能分化为胰腺细胞和肠上皮细胞，说明肝干细胞在适合的微环境中能被诱导分化为内胚层其他组织的细胞。在丁酸钠或 DMSO 诱导下，肝干细胞可分化为肝体细胞。在转化生长因子（TGF-β）或肝细胞生长因子（HGF）诱导下，肝干细胞可分化为胆上皮细胞。

(4) 骨骼肌干细胞。肌纤维周围的卫星细胞，即骨骼肌干细胞能对肌肉细胞进行更新和修复，骨骼肌干细胞可分化为肌肉细胞，还能分化为血液细胞。

3）成体干细胞的鉴定

(1) 造血干细胞的鉴定。细胞集落以非贴壁方式生长，细胞形态较小。其细胞表面标志有：flk-1（fetal liver kinase 1），转录因子 SCL/TAL-1（T cell acute lymphocytic leukemia-1），CD34，转录因子 GATA-1。基因表达，TAL-1，GATA-2，β 珠蛋白。

(2) 内皮细胞的鉴定。细胞呈扁平贴壁状态，含有 Weibel-Palade 小体，存在广泛的胞内连接和大量吞饮泡。细胞标志有血小板内皮细胞黏附分子-1（PECAM-1 或 CD31），细胞黏附分子整合素 αvβ3，CD34，JAM（junctional adhesion membrane），MECA-32（MECA 基因为甲氧西林耐药葡萄球菌特有的耐药基因）以及 MEC-14.7（CD34）抗原。特异表达 flk-1、flt-1（fms-related tyrosine kinase 1）和 tie-2（血管生成素受体 2）基因。

(3) 肝干细胞的鉴定。肝干细胞缺乏特异标志，能表达肝细胞特异标志物白蛋白和肝代谢酶细胞色素 P450，也能同时表达胆上皮细胞特异标志物细胞角蛋白 CK7 和 CK19。

(4) 心肌干细胞的鉴定。心肌干细胞内含糖原颗粒，存在大量的线粒体和未成熟肌原纤维的粗丝和细丝。细胞节律性收缩，产生心肌特异离子流。利用膜片钳技术可检测 L 型钙电流（ICa-L）、钠电流（INa）及瞬间外向钾电流（Ito）、延迟整流性钾电流（Ik）、内向整流钾电流（Ik1）；基因表达心肌球蛋白 α 及 β 重链基因。

(5) 神经干细胞的鉴定。神经干细胞胞体形态很小，从胞体生成长的神经突，并且有电压控制性 Na⁺，K⁺，Ca²⁺通道和神经递质受体。其细胞标志有：酪氨酸羟化酶，微管相关蛋白 tau，MAP2 和 β 微管蛋白 3（TuJ-1），胶质原纤维酸性蛋白（GFAP），巢蛋白，突触泡蛋白以及 68 KDa 的神经丝蛋白 NF-L，200 KDa 的神经丝蛋白 NF-H，160 KDa 的神经丝蛋白 NF-M，属于孤儿核受体超家族的 Nurr1 和中脑多巴胺能神经元标志物 Ptx3。其特异基因表达较复杂，2 d 后编码特异蛋白神经聚糖的基因表达，5 d 后类胚体（embryoid bodies，EBs）中编码 NF-L、NF-M 和突触泡蛋白的基因表达，6 d 后编码微管相关蛋白 tau 的基因表达。还发现分化细胞中有 Brain-3，谷氨酰胺受体亚单位 GluR-4 和 GluR-6，GAD（谷氨酸脱羧酶）67，GAD65，GFAP 和 NF-L 的基因表达。

(6) 胰岛干细胞的鉴定。胰岛干细胞标志物有来源于胚胎和胚外内胚层转录因子 GATA-4 及来源于胚胎内胚层的 HNF3β（hepatocyte nuclear factor）。还有胰岛素淀粉样多肽（IAPP）、葡萄糖转运蛋白-2（Glut-2）。胰岛 β 细胞特定标记物葡萄糖激酶（GK），转录因子 IPF1/PDX1 和 NgN3（Neurogenin3）等。

4) 成体干细胞的体外培养和特性

(1) 骨髓间质干细胞。造血干细胞移植治疗血液病，自身免疫病和遗传疾病取得了很大成功。间质干细胞理论上能向软骨、骨、脂肪、造血基质和神经元样细胞分化。这种优良性质使其成为首选的组织工程种子细胞。

(2) 造血干细胞。造血干细胞发源于胚胎期的肝脏和骨髓。全能造血干细胞既能分化为髓性造血干细胞，又可分化为多能淋巴干细胞。即全能造血干细胞-造血祖细胞-造血前体细胞。造血干细胞表面抗原 CD34⁺ 为强阳性。在脾脏中，造血功能区称为集落形成单位。

(3) 神经干细胞。神经干细胞体外培养和建系，必须具有永生化特性，还需具有明显遗传世系特性。神经干细胞的理想建系材料是早期胚胎的神经管、神经嵴或胎儿的脑组织。神经干细胞采用 FGF-2 扩增培养皿中的细胞克隆，或采用 EGF（表皮细胞生长因子）扩增细胞聚集神经球，使用 N2 神经细胞培养液。

神经干细胞可以分化，分裂产生新的神经干细胞以维持自身的存在，同时产生干细胞分化成各种成熟细胞。神经干细胞以两种方式分裂：对称分裂，形成两个相同的神经干细胞。非对称分裂，细胞质中调节分化蛋白分配不均匀，其中一个子细胞不可逆地分化成为功能专一的分化细胞，另一个子细胞保持亲代特征，仍作为神经干细胞保留。分化细胞数目受分化前干细胞的数目和分裂次数控制。

神经干细胞研究仍处于初级阶段。理论上讲，任何中枢神经系统疾病都可归结为神经干细胞功能的紊乱。由于血脑屏障的存在，干细胞移植到中枢神经系统后不会产生免疫排斥反应。如帕金森氏综合征患者脑内移植多巴胺能的神经干细胞，可治愈部分患者的症状。

5) 成体干细胞研究中的问题

(1) 异质性。可塑性可能是一种假象，实际是不同类干细胞混杂分化的结果。干细胞的异质性指不同遗传机制产生的相同或类似的表现型。异质性在某种程度上应是干细胞的固有特性。

(2) 干细胞所处环境。干细胞的环境对干细胞的分化产生重要影响。干细胞与存在的环境间精细调节可能是干细胞表现"可塑性"的重要原因。干细胞"可塑性"现象的解释有以下四种情况。

①机体存在多种来源与不同分化方向的成体干细胞群体，能定向分布，并向各自来源的细胞分化。

②机体有存在多种成体干细胞潜能，微环境不同，导致分化方向的不同。

③特定组织来源的成体干细胞，既能分化为特定组织细胞，又能重新编程，分化为其他细胞。

④某些成体干细胞与特定组织来源的干细胞融合，形成"杂种细胞"，得到向特定组织细胞分化的潜能。

（3）可塑性的调控。成体干细胞可塑性受外源性因子和内源性因子的联合调控。

（4）分化细胞的功能。成体干细胞可塑性研究结果，许多仅基于检测新生组织的特定蛋白或标志物，而没有检测分化细胞的功能。因为有些不同细胞具有相同的标志物。对于干细胞的终末分化状态的判断，应基于细胞表面标志物鉴别与细胞功能两方面的依据。所以，关于成体干细胞的研究还不能成为定论。如神经细胞移植后，分化为血液细胞，要检测细胞表面标志，还要检测造血功能。

（5）体外增殖。成体干细胞分离后，目前没有在体外维持未分化状态和大量增殖的培养方法。分离的干细胞需直接移植给动物或病人。另一种方法是在体外将干细胞诱导分化为成熟体细胞，再进行移植。例如，皮肤干细胞移植给烧伤病人，伤口虽可愈合，却无法产生汗腺。

6）成体干细胞在再生医学中的应用

在生物医学中，利用成体干细胞可进行创伤修复，疾病的细胞治疗还可满足整形外科学和组织工程学的需要。组织工程的核心是用种子细胞和生物材料构建三维空间复合体。而足够数量保持特定生物学活性的细胞是组织工程的基石。

组织工程构建的组织，不仅对病损组织要进行形态、结构和功能的重建以达到永久性替代，还要能随着身体生长的变化而同步变化，组织工程的基本原理如图8-4所示。

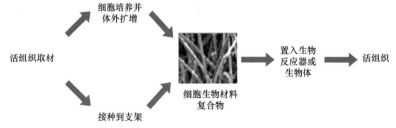

图8-4 组织工程的基本原理

（1）组织工程化皮肤。皮肤更新修复是由皮肤干细胞完成的，这种细胞具有超常的自我更新能力，可作为皮肤移植细胞或皮肤组织工程产品的种子细胞。

（2）组织工程化骨骼。骨骼结构涉及三维立体结构，需要包括骨、软骨、脂肪、血液等生物组织。一般由适当的生物活性材料构建支架，再加入骨细胞进行培养。

（3）骨髓组织工程。骨髓含两类干细胞（HSC和SSC），这些细胞能产生血管、骨、软骨、骨骼肌、心肌、肝以及神经细胞等，在组织工程中，它们被优先考虑作为种子细胞来源。其优点是细胞容易收集，且具有明显的表面标志物。详细内容请参看本书第二篇相关内容。

7）成体干细胞的去向

成体干细胞位于特定的微环境中，间质细胞能为成体干细胞产生许多生长因子或配体，并与干细胞相互作用，控制干细胞的去向。成体干细胞既可产生新的干细胞，又可按一定的程序分化，形成新的功能体细胞，并使组织和器官保持在生长和衰老的平衡状态。

8) 成体干细胞的优势

(1) 成体干细胞从患者自体获取，不存在组织相容性的困难，治疗过程中可免除使用免疫抑制剂的伤害。

胚胎干细胞会引起免疫排斥，对患者长期免疫抑制剂治疗不可避免，除非将患者的造血系统与外来细胞做成嵌合体。

治疗性克隆是采用患者的体细胞核移植（somatic cell nuclear transplantation）到去核的供体卵细胞中，"装配卵细胞"在体外发育分化成携带患者 MHC（major histocompatibility complex，MHC，主要组织相容性复合体）的胚胎干细胞。但胚胎干细胞发育分化过程中出现极高的非整倍体。体细胞克隆所需的卵细胞也不易得到。

(2) 理论上，胚胎干细胞能分化成各种细胞类型，但这种分化是随机的。目前采用的诱导方法极易导致畸胎瘤。

胚胎干细胞治疗前，先对干细胞诱导分化，这既可防止畸胎瘤的发生，也能确认供者（donor）胚胎干细胞有无遗传缺陷。而成体干细胞无此问题，如骨髓移植实验非常安全，不会引发畸胎瘤。

(3) 成体干细胞具有胚胎干细胞的高度分化能力。在人体发育过程中，成体干细胞存留在多种组织中，且是有多系分化能力的亚全能细胞群，这些细胞具备相同或相似的细胞表型，在适合的微环境中可顺利分化成多种组织细胞。

9) 干细胞技术应用

(1) 疾病治疗。理论上讲，干细胞可以治疗各种疾病，但最适合治疗的疾病是机体组织坏死导致的疾病，如缺血性心肌坏死、退行性病变、自体免疫性疾病等。

(2) 体外制造人体器官。在严格控制下，通过形成嵌合体，使动物的某些器官细胞与人体干细胞嵌合。这样的器官可用于临床移植治疗。例如现在正在进行的移植用猪器官的改造工作。

20世纪50年代，开始应用骨髓移植方法来治疗血液系统疾病。20世纪80年代末，外周血干细胞移植技术逐步成熟，大多数为自体外周血干细胞移植，提高了治疗效果。脐血干细胞移植无来源的限制，对 HLA（human leukocyte antigen，人类白细胞抗原）配型要求不高，不易受病毒污染。2002年初，我国东北地区首例脐血干细胞移植成功，把中国造血干细胞移植技术推进到新的阶段。

8.2 细胞大规模培养

1. 细胞大规模培养方法

动物细胞大规模培养指在人工模拟细胞生长条件下高密度、大规模培养动物细胞，生产所需生物产品的技术。随着技术的不断进步，在现代生物制药的研究和生产中，这一技术已广泛应用于生产疫苗、细胞因子、生物产品乃至人造组织等产品。

1) 微载体细胞培养系统

微载体是贴壁细胞能在其表面铁壁生长的一种微珠。直径在 60～250 μm 之间，使用天然材料，如葡聚糖等，或合成材料，如各种高聚物等制成。1967年，Van Wezel 用 DEAE-Sephadex A 50 制成了世界上第一种微载体。现在商品化的微载体种类繁多，但生产中常用的有三种：Cytodex1（Cytodex2，Cytodex3）、Cytopore 和 Cytoline。

微载体系统广泛应用于动物细胞的大规模培养，如生产疫苗、Vero 细胞、CHO 细胞和基因工程产品等。它兼具有悬浮培养和贴壁培养的优点，方便生产放大，适合工业化大生产。

将细胞与微载体同时加入反应器的培养液中，细胞就会附着在微载体表面开始生长，需要持续搅拌使微载体保持在悬浮状态，这样能更好地使细胞与微载体接触，使更多的细胞黏附在微载体表面。微载体的直径最佳控制范围在 50～200 μm 之间，可获得良好的培养效果。

细胞在微载体表面的贴壁生长会经历三个阶段，首先是黏附贴壁，再生长并扩展成单层。动物细胞无细胞壁，对机械剪切应力敏感，因而限制了通过提高搅拌转速增加接触的概率。一般在贴壁期搅拌转速较低，并定时停止搅拌几个小时。细胞会附着于微载体的表面，再次搅拌，同样维持较低的转速。进入细胞生长阶段后，搅拌同样缓慢，不超过 75 r/min。以减少搅拌对培养细胞的影响。

2）中空纤维细胞培养系统

中空纤维细胞培养模拟动物血管血液在细胞间扩散的大规模细胞培养方法，中空纤维制成血管样的分布扩散系统。数千根中空纤维纵向布置在反应器内，为细胞提供了与体内生理条件相似的体外生长微环境。

中空纤维是非常细的管状物，管壁为毛细管样的薄半透膜。细胞培养时，纤维管内灌流溶有氧气的无血清培养液，细胞可黏附在外部管壁，培养液透过半透膜供细胞生长。由于半透膜无法透过大分子、血清等从管外灌入，而细胞的代谢废物通过半透膜进入管内，通过物质不断流动，代谢废物被不断交换的培养液带走。

3）微囊培养系统

微囊培养系统是在固定化细胞技术基础上开发的。利用海藻酸钠溶液在 $CaCl_2$ 溶液中凝结成团的性质，把酵母菌等微生物混合到海藻酸钠溶液中，然后加到 $CaCl_2$ 溶液中，造粒形成固定化活细胞，生产发酵产品。其主要用于微生物细胞的固定化培养。它使亲水的半透膜将细胞局限在球状的微囊里，细胞无法逸出，小分子及营养物可自由进出半透膜，在囊内形成微小的培养环境，细胞生长旺盛、密度高。微囊直径控制在 200～400 μm。

2. 细胞大规模培养产品

1）单克隆抗体

单克隆抗体一般采用动物，如 Balb/c 小鼠，诱发腹水瘤，从腹水中提取瘤细胞，再通过细胞融合技术与免疫细胞形成杂交瘤，采用生物反应器培养杂交瘤细胞大批量生产。单克隆抗体纯度高、特异性强，提高了疾病诊断的准确性。目前单克隆抗体大多数是鼠源性的。

2）疫苗

疫苗是细胞大规模培养生产的重要产品，常见的有病毒灭活疫苗、减毒活疫苗、亚单位疫苗、多肽疫苗、基因缺失减毒活疫苗、基因工程亚单位疫苗、重组牛痘多价疫苗等。

灭活疫苗，一般采用甲醛做灭活剂，如流行性乙型脑炎疫苗、狂犬病疫苗、流感灭活疫苗、新开发生产的 Covid-19 疫苗等。

减毒活疫苗是以细胞传代或动物传代，筛选对人毒性较低的病毒株，常见的有脊髓灰质炎、黄热病、麻疹、腮腺炎病毒等。

亚单位疫苗是提取病毒包膜或衣壳亚单位，除去核酸得到的疫苗。

多肽疫苗是按照病原体抗原基因中已知或预测的某段抗原表位的氨基酸序列，通过多肽合成技术制备的疫苗，如采用基因工程制备的 HBsAg 基因表达产物等。

基因缺失减毒活疫苗是剔除病毒基因组中与毒力相关的基因制成的减毒活疫苗。如狂犬病病毒核苷激酶缺失株等。

基因工程亚单位疫苗是采用病毒表面抗原基因，进行基因重组，在酵母细胞中表达亚单位多肽制成的疫苗。

重组牛痘多价疫苗指以牛痘疫苗为载体，表达外源性病毒抗原基因而获得的疫苗，如HAV（甲型肝炎病毒）、HBV（乙型肝炎病毒）、麻疹病毒等。

3）基因重组蛋白药物

重组人胰岛素产品，利用克隆的胰岛素的基因生产人胰岛素产品。重组人胰岛素主要用于治疗糖尿病，使胰岛素的价格大幅降低，普通大众也可以使用。

重组人生长激素产品，大肠杆菌工程菌表达系统发酵生产的肽蛋白。其可治疗因生长激素缺乏引起的儿童矮小症。

重组可溶性肿瘤坏死因子受体产品，TNF（肿瘤坏死因子）受体抑制TNF对靶细胞的作用，可治疗TNF过量导致的疾病。如对类风湿关节炎疗效较好。

8.3 细胞融合技术

1. 细胞融合

细胞融合是生物工程的重要内容和基本技术，细胞融合是通过自然或人工的方法，促使不同种类的两种细胞直接融合，并且融合细胞能同时表达融合前两种细胞有益性状的技术。自然细胞融合只能发生在同一种生物或亲缘关系很近的物种之间（图8-5）。细胞融合目前常用的方法，包括仙台病毒（HVJ）诱导、聚乙二醇（PEG）诱导、电场诱导、激光诱导，以及基于微流控芯片的细胞融合、高通量细胞融合芯片等。对于植物和微生物细胞，必须先除去细胞壁，使其成为原生质体，方能进行融合，植物和微生物细胞融合因此称为原生质体融合。

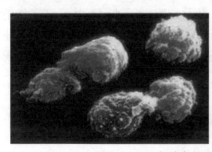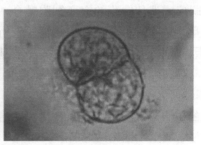

图8-5 正在融合的淋巴细胞和骨髓瘤细胞

当同种细胞被培养时，两个彼此接近的细胞自发融合，而异种细胞则必须诱导融合。以下是几种诱导融合的具体过程。

仙台病毒法融合：①两种细胞共培养，接种病毒，在4℃病毒会黏附在细胞膜上，诱导两细胞相互凝聚。②在37℃时，病毒与细胞膜相互作用，细胞膜断裂，需要Ca^{2+}和Mg^{2+}参与，最佳pH为8.0~8.2。③两个细胞膜连接部分贯通，周边连接部被修复，需要Ca^{2+}和ATP参与。④两细胞融合成功，需要ATP参与。

聚乙二醇融合，PEG的结构为$HOH_2C(CH_2OCH_2)_nCH_2OH$，分子量大于200 D小于6 000 D，

高压灭菌后，将 PEG 与温介质溶液混合。一般分子量 4 000 D，浓度 50%，pH 为 8.0~8.2。分子量小，融合效果差。分子量大，黏度大，操作不易。

电融合，在直流电脉冲诱导下，细胞膜表面氧化还原电位发生变化，使非均匀细胞黏附，质膜发生瞬间断裂，且质膜逐渐连接，最终形成完整的融合细胞。融合过程可以在显微镜下观察或记录。

2. 细胞融合技术应用

细胞融合技术使用广泛，在科研和生产中都有不可替代的作用。

1）用于基因定位和绘制人类基因图谱

1967 年，Weise 和 Green 发现在人和鼠的融合细胞中，杂种细胞系优先排斥人染色体，每种细胞系仅含一条或几条特异性人染色体，对此进行生理生化功能分析，可判断人染色体功能，并对人染色体上的基因定位。

2）用于生产树突状细胞抗肿瘤疫苗

肿瘤细胞表面抗原不能诱导很强的免疫应答，但树突状细胞与肿瘤细胞融合能有效激发机体免疫应答。因此可开发抗肿瘤疫苗。

3）用于生产单克隆抗体

免疫细胞和动物肿瘤细胞融合可进行单克隆抗体制备，单抗在科研和临床诊断方面有重要应用。

4）用于动植物和微生物育种

细胞融合与细胞核移植技术结合，可获得优良的动物品种。植物原生质体融合可培育新的植物品种。微生物原生质体融合可构建新的菌株。

5）用于干细胞疗法

患者体细胞与去核卵母细胞融合，可获取胚胎干细胞，而干细胞是许多新的细胞疗法的基础，也是组织工程的种子细胞。

6）用于人类疾病遗传缺陷基因互补分析

人类不同疾病遗传缺陷的突变细胞融合，杂种细胞由于基因互补，可恢复正常表型。因而应用基因互补分析，可分析基因结构，剖析遗传病病因。杂种细胞基因不互补，即意味着缺失同一基因或同一基因产生同样突变。若基因互补，则意味着缺失不同基因或基因不同部位发生突变，即利用杂种细胞测定基因类型。

7）在基础研究中的应用

细胞融合在研究细胞核质关系、揭示疾病发病机制以及膜蛋白动力学研究中发挥重要作用，可推动对这些基础理论问题的解决。

8.4 染色体工程和染色体组工程

1. 染色体工程

染色体工程是按照设计方案削减、添加和代换同种或异种染色体的技术，分为动物染色体工程和植物染色体工程。动物染色体工程利用显微操作转移染色体，植物细胞工程利用传统的杂交回交等添加、消除或置换染色体。

2. 染色体组工程

染色体组工程是改变染色体组及数量的生物技术。1937 年在细胞中使用秋水仙素后，染色体多倍体技术发展迅速，如育成四倍体小麦、八倍体小黑麦等。

3. 染色体工程和染色体组工程应用

植物染色体工程的程序是人工杂交，细胞学鉴定，在杂种或杂种后代中筛选所需要的遗传材料。以普通小麦为例，常用的材料如下：单体与缺体系统，三体系统，异附加系，异代换系，易位系。

用染色体工程技术获得的小麦附加天蓝冰草的异附加系，抗叶和秆锈病，冰草染色体替代小麦染色体的异代换系能抗 15 种秆锈病，黑麦异代换系能抗白粉病。还有小偃 6 号是两个偃麦草染色体的小麦易位系，丰产，能抗各种锈病和干热风，已大面积推广。因此染色体工程在培育抗病新品种上有重要意义。

4. 合并细胞染色体成一条

不同物种的染色体数量各不相同。人类拥有 23 对染色体，猿类拥有 24 对染色体，雄性杰克跳蚁仅有 1 条染色体。这些千万年进化来的不同染色体各有什么优势？物种对染色体数目的变化容忍度如何？这些问题对人类认识生命的本质、起源和进化具有重要意义。

将一个细胞里的所有染色体合并成一条可行吗？合并后会发生什么？覃重军研究团队利用发端于 21 世纪初的合成生物学，用人工方法创建有功能的单染色体酵母，将天然真核细胞中的染色体合并成一条。他们率先采用高通量基因组操作体系，将酿酒酵母的 16 条染色体合并为一条，创造出新型酵母菌株，这将使人类对染色体结构与功能有更深刻的认识，并表明天然复杂的生命体系可以通过人工方法变得简约，自然生命的界限可以人为打破，人们甚至可以创造出自然界本不存在的生命形式。

8.5 胚胎工程

胚胎工程指对动物配子或早期胚胎所施行的各种显微操作及精细处理的技术，包括体外受精、胚胎移植、胚胎分割移植、胚胎干细胞培养等。这些技术实际上是在体外条件下，对动物自然受精和早期胚胎发育条件实现精准模拟的过程（图 8-6）。

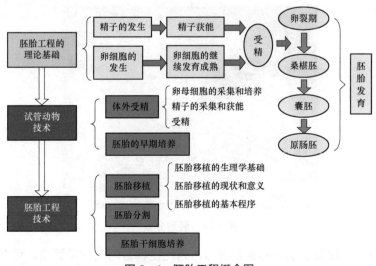

图 8-6 胚胎工程概念图

1. 胚胎移植

将动物的早期胚胎，或通过其他生物技术方法获得的胚胎，移植到同种且生理状态一致的其他雌性动物子宫内，并发育成新个体的技术。

在畜牧业生产中，这将会充分发挥优良雌性个体的繁殖潜力，缩短优良雌性个体的繁殖周期，极大地提高繁殖率，后代种群量快速达到自然繁殖量的十几倍到几十倍之多（图8-7）。

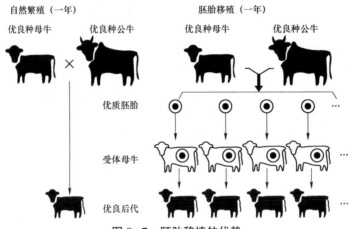

图8-7 胚胎移植的优势

2. 胚胎分割

胚胎分割（图8-8）是指将早期动物胚胎切割成2等份、4等份或8等份等，切割的各部分通过移植得到同卵双胎或多胎的技术。这是因为动物初期胚胎的细胞具有很高的全能性，并能够发育成完整个体。由于来自同一胚胎的后代具有相同的遗传物质，所以它们拥有相同的优良性状。

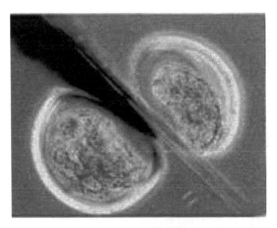

图8-8 胚胎分割

这些技术进一步挖掘了动物的繁殖潜力，为优良牲畜的大批量繁殖、稀有动物的种族扩大延续提供了有效的解决办法。

3. 中国胚胎工程研究概略

1）鱼类及两栖类的细胞核移植

1960 年，我国著名科学家童第周教授开展鱼类及两栖类细胞核移植研究。其中鲤鲫核移植鱼已大面积推广。

2）胚胎移植

1973 年，中国科学院遗传研究所开展哺乳动物胚胎移植，兔胚胎移植成功。

1974 年，中国科学院遗传研究所、内蒙古三北种羊场，绵羊胚胎移植成功。

1978 年，中国科学院遗传研究所、上海牛奶公司第七牧场，奶牛胚胎移植成功。

1980 年，西北农业大学，山羊胚胎移植成功。

1980 年，中国科学院遗传研究所，小鼠胚胎移植成功。

1982 年，西北大学，马胚胎移植成功。

1982 年，陕西省畜牧研究所，猪胚胎移植成功。

3）胚胎冷冻移植

1979 年，中国科学院遗传研究所，兔胚胎冷冻移植成功。

1981 年，中国科学院遗传研究所、上海奶业研究所，奶牛胚胎冷冻移植成功。

1982 年，中国农业科学院畜牧研究所，绵羊胚胎冷冻移植成功。

1982 年，西北农业大学，山羊胚胎冷冻移植成功。

4）嵌合动物

将两个胚胎聚集形成一个具有两品种胚胎特点的新胚胎，由此发育所得的动物，叫嵌合动物，其各种器官都可由两品种细胞组成。

1982 年，中国科学院发育生物研究所，小鼠嵌合动物培育成功。

1988 年，中国科学院发育生物研究所，兔嵌合动物培育成功。

1993 年，西北农业大学，山羊嵌合动物培育成功。

把胚胎干细胞注射到囊胚内，移植获得嵌合动物。

1992 年，北京大学，小鼠干细胞嵌合动物培育成功。

5）胚胎分割移植

1986 年，西北农业大学，小鼠胚胎分割移植成功。

1987 年，中国科学院遗传研究所、四川凤凰山乳牛场，奶牛胚胎分割移植成功。

1987 年，西北农业大学，山羊胚胎分割移植成功。

1987 年，中国农业科学院畜牧研究所，绵羊胚胎分割移植成功。

1990 年，西北大学、中国科学院发育生物学研究所，兔胚胎分割移植成功。

6）试管婴儿

1986 年，北京医科大学，获得体外受精自体胚胎移植的婴儿。

1988 年，湖南医科大学，获得异体胚胎移植的婴儿。

7）试管动物

1987 年，中国科学院遗传研究所，小鼠体外受精胚胎移植成功。

1989 年，内蒙古大学，牛体外受精胚胎移植成功。

1989 年，内蒙古大学，绵羊体外受精胚胎移植成功。

1990 年，西北农业大学，兔体外受精胚胎移植成功。

1991年,西北农业大学,山羊体外受精胚胎移植成功。

8)细胞核移植

1990年,西北农业大学,山羊细胞核移植成功。

1991年,中国科学院发育生物学研究所,兔细胞核移植成功。

1995年,华南师范大学、广西农业大学,牛细胞核移植成功。

1995年,西北农业大学,猪细胞核移植成功。

1996年,湖南医科大学,小鼠细胞核移植成功。

1993年,中国科学院发育生物学研究所,获得第二代核移植山羊。

1992—1996年,西北农业大学,获得第一代至第五代核移植山羊。

1995年,西北农业大学将滋养层细胞作为供体细胞,获得核移植山羊。

8.6 细胞重组与克隆技术

图 8-9 克隆

1. 克隆技术

"克隆"一词来源于英语"clone"或"cloning"的音译,原意是"插条"繁殖,指由同一个祖先细胞分裂形成的纯细胞系,每个细胞的基因相同。

在分子生物学的等学科的发展推动下,核移植与基因工程结合也可获得无性系,人们把实现无性繁殖的操作称为克隆(图8-9),这样克隆由名词转化为动词。即克隆相当于复印。

克隆羊多莉的诞生。1997年2月,英国Roslin研究所宣布克隆羊Dolly诞生,意味着由成年动物的一个体细胞核,可以复制基因相同的新生命。

动物克隆,即不经过受精获得动物新个体的方法。广义的动物克隆包括胚胎分割、卵裂球分离、孤雌激活、细胞核移植等。狭义的动物克隆专指核移植技术。克隆动物指不经过生殖细胞直接由体细胞获得新动物个体。

细胞核移植指将胚胎、胎儿或成体动物的细胞核移植到去核的卵母细胞中,重组重构胚,并发育为成体动物的过程。

体细胞核移植技术指将分化程度较高的体细胞核移入去核的卵母细胞中,构建新合子的技术。

核移植有不同的分类方法,根据核供体细胞来源的不同,其分为胚胎细胞的核移植和体细胞的核移植。根据供体细胞与受体细胞是否来源于同一种动物,其分为同种核移植和异种核移植。例如,胚胎细胞核移植(embryo cell nuclear transplantation)技术是将早期胚胎的细胞核移植到去核的卵母细胞中构建新合子的技术,一般将提供细胞核的细胞称为供体,接受细胞核的卵母细胞称为受体。

1)植物细胞克隆

1902年,德国植物学家Haberland认为植物的体细胞含有植物的全部遗传信息,并具有发育成完整植株的潜能,植物的每个细胞都像胚胎细胞那样,经离体培养再生成完整植株。

1958 年，Steward 将胡萝卜细胞在试管中培养，生长成有根、茎、叶等器官的完整植株。

2）低等动物胚胎核移植技术

1932 年，Spemann 提出分化了的细胞核移入去核卵子能够指导胚胎的发育。

1952 年，Briggs 和 King 在两栖动物中证实了 Spemann 提出的设想，并于 1955 年用一只蝌蚪的细胞制造了完全一样的复制品。

1961 年，我国科学家童第周等采用金鱼和蝾螈鱼，进行鱼类不同亚科细胞核移植取得成功，并进行了细胞质对细胞核影响的研究。

1978 年，童第周进行了黑斑蛙的克隆实验，将黑斑蛙的红细胞核移入去除了核的黑斑蛙卵中，这种换核卵能发育并生长成在水中自由游泳的蝌蚪。

3）哺乳动物胚胎细胞核移植技术

1981 年，瑞士伊尔门泽、美国杰克逊使用小鼠卵进行核移植获得成功。

随着技术的进步，在多种动物中，胚胎细胞的核移植获得了克隆后代，如绵羊（Willadsen 等，1986），牛（Prather 等，1987），兔（Stice 等，1988），猪（Prather 等，1989），山羊（张勇等，1991）等。

1997 年，Meng 等克隆两只猴，这是最先克隆的灵长类动物。

以上核移植使用的供体细胞均为囊胚阶段前的胚胎细胞。人们普遍认为，早期胚胎有全能性，囊胚期以后体细胞因分化已丧失全能性。

4）哺乳动物体细胞核移植技术

一个精子和一个卵子的结合，即受精，此时细胞恢复为二倍体，开始个体发育。不同类型的细胞都是由受精卵发育开始的。一些发育为肌肉细胞，一些发育为神经细胞，还有一些发育为血细胞等。

哺乳动物胚胎发育过程中，细胞发生了分化，在适宜环境下，已分化的细胞能否恢复发育的起始状态，再重新发育为其他类型的细胞，甚至发育成完整的个体？细胞分化是否发生了不可逆的变化？

1996 年，威尔穆特率先完成了世界第一例从成年动物体细胞克隆的哺乳动物绵羊 Dolly（图 8-10）。1997 年 7 月，威尔穆特又使用培养并植入一个人类基因的绵羊体细胞，克隆了带有人类基因的绵羊"Polly"。

克隆羊 Dolly 的诞生过程如下：首先使用药物促使母羊排卵，把未受精的卵取出，用显微设备从卵中吸出所有的染色体，这样就获得了一个有活性但无遗传物质的卵。再从另一头母羊乳腺中取出一个普通细胞，显微注射与无遗传物质的卵融合，电流刺激或化学激活，形成新的胚胎，再移植到受体羊的子宫，发育成新个体。

1998 年 7 月，美国夏威夷大学 Wakayama 等使用小鼠卵丘细胞获得克隆小鼠 27 只，其中 7 只是用克隆小鼠再次克隆的，这是 Dolly 后第二批哺乳动物体细胞核移植后代。随后体细胞核移植技术在牛、山羊、猪等多种常见动物中获得成功。

1999 年底，全世界已有六种类型细胞——胎儿成纤维细胞、乳腺细胞、卵丘细胞、输卵管/子宫上皮细胞、肌肉细胞和耳部皮肤细胞的体细胞克隆后代获得成功。

2005 年，《自然》杂志公布黄禹锡小组历时两年半，获得了世界首只克隆狗（图 8-11）。黄禹锡和同事试验了 1 095 个胚胎，并植入 123 只狗体内，最终得到一只名叫"斯纳皮"的小猎犬。它的"父母"是一只阿富汗猎犬和一只拉布拉多猎犬。

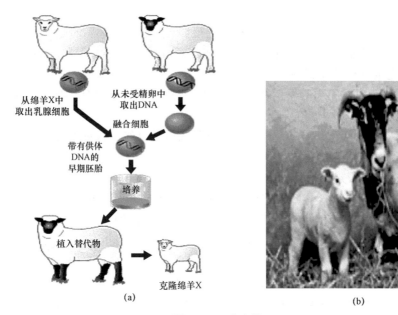

图 8-10 克隆羊 Dolly

（a）Dolly 羊的克隆流程；（b）克隆羊 Dolly 和她的"妈妈"

图 8-11 韩国科学家培育出首只克隆狗

克隆狗的诞生过程：从它"母亲"体内取卵，将细胞核剔除，再将"父亲"耳细胞的细胞核注入卵子。将处理成功的卵细胞植入子宫内，待胚胎发育生长至小狗出生。"斯纳皮"的遗传物质 DNA 与其"父亲"完全一样。

黄禹锡等人认为，克隆狗的困难是收集卵子。因为狗的卵子在发育早期就离开了卵巢，向子宫和输卵管移动，在此过程中逐步成熟。最初他们尝试在排卵过程中收集卵子，在试管中将其培育成熟，但无效。他们最终采用一种缓冲溶液将移动至输卵管的卵子冲出，才实现了卵子的收集。

狗的克隆一度被视为世界级的难题，一些科学家曾再三尝试均告失败。黄禹锡因此成为全球知名的生命科学家。

2007 年 11 月，《自然》公布了美国科学家克隆的猕猴胚胎，并提取了两个胚胎干细胞系。研究小组使用了 14 只母猴的 304 个卵子，成功率仅为 0.7%。

若用同样的方法进行人类胚胎干细胞的生产，理论上可行。但需要大量卵子，会面临来自伦理、法律等方面的严重障碍。

5) 韩国"第一最佳科学家黄禹锡"事件

黄禹锡生于1953年，29岁获得博士学位，后来成为韩国首尔大学的教授。1999年培育出全球首只克隆牛。2004年2月，黄禹锡研究小组在《科学》杂志发表论文，宣布在世界上率先用卵子培育成功人类胚胎干细胞，被称为韩国"克隆之父"。黄禹锡研究小组于2005年5月在《科学》杂志发表的论文宣布，首次成功利用11名不同疾病患者身上的体细胞克隆出早期胚胎并从中提取了11个干细胞系。

2005年12月15日，黄禹锡教授正式承认其研究小组于5月在《科学》杂志发表论文所说的胚胎干细胞，大部分并"不存在"，并要求《科学》杂志撤销该论文。2006年1月10日韩国首尔大学公布了"黄禹锡科研小组干细胞成果"最终调查报告。黄禹锡科研小组2004年发表在美国《科学》杂志上的"人类核置换胚胎干细胞"的研究成果与2005年发表的论文一样，全部出自编造。黄禹锡主张的独创核心技术——"筷子技术"也很难得到认证。

克隆狗"斯纳皮"被认定确属体细胞克隆狗。调查委员会通过对"斯纳皮"提供体细胞的狗胎、代孕狗及提供卵子的狗的体细胞组织进行分析，得出了上述结论。

2006年1月11日，韩国政府取消黄禹锡的"韩国最高科学家"称号，免去黄禹锡担任的一切公职，并指派监察院对与黄禹锡科研组干细胞研究有关的科研经费支持体系进行监察。

2. 治疗性克隆

治疗性克隆（图8–12）技术包括这样几步：首先获取病人体细胞核，移植到去核的卵母细胞，待早期胚胎形成后，分离出人ES细胞，对ES细胞进行基因修饰和定向分化研究，最终将定向分化后的细胞移植给病人。

濒危动物种群数量有限，卵母细胞不易获得，由于伦理等原因，人类卵母细胞的获得同样困难，这给体细胞核移植技术在拯救濒危动物和人类治疗方面带来很大的限制。

如何克服这个困难呢？体细胞核移植可以解决供核困难，而异种核移植可以解决核受体来源困难。异种核移植或许是一种解决办法。

病人的体细胞作为核供体没有问题，采用另一种动物而非人的卵母细胞作为受体进行的核移植是一条新的技术路线。Ian Wilimut认为"核移植的数小时内，分子水平上发生的事件决定了克隆胚胎的命运，但我们对克隆胚胎早期发育过程中的这些事件几乎一无所知"。供体核移入卵母细胞后会发生细胞质与细胞核蛋白质的交换，卵细胞质中的大量蛋白质移入细胞核，在受精卵中亦如此，许多细胞因子、核蛋白、组蛋白去乙酰化酶、DNA甲基化/去甲基化酶、细胞周期调控蛋白、核内转录因子等进入核内。另外一些蛋白质，如异染色质蛋白、组蛋白H1等输出核外，导致染色质解聚，核小体去稳定化，调控蛋白从染色体上脱离，同时出现核增殖和体细胞核中异染色质的显著减少。

体细胞核的重新编程涉及染色质成分的大量交换，并使在体细胞中被关闭的，而在正常胚胎发育中表达的基因重新激活。重编程有三种结果：供体核基因组完全没有进行重编程，重构胚很快死亡。供体核基因组部分重编程，重构胚在不同的发育阶段死亡。供体核基因组完全重编程，产生正常的克隆动物。

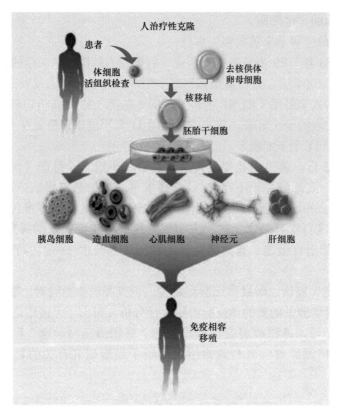

图 8-12 治疗性克隆

核移植成功的关键在于生物学资源,即供体核和受体细胞质的质和量。协调供体细胞与受体细胞质的细胞周期对维持重构胚的正确染色体倍性和阻止 DNA 的损伤非常关键。核质相互作用,保证供体核 DNA 的正确复制和重编程。

那么,非人类哺乳动物卵母细胞可否对人体细胞进行重编程?人类对此还一无所知。异种核移植研究开始于 1998 年 1 月,美国威斯康星大学麦迪逊分校的科学家以牛的卵子为受体,克隆出猪、牛、羊、鼠和猕猴五种哺乳动物的胚胎,这一结果表明,某个物种的未受精卵可以同取自多种动物的成熟细胞核相结合。1999 年,美国科学家用牛卵子克隆出珍稀动物盘羊的胚胎,我国科学家也用兔卵子克隆了大熊猫的早期胚胎。

目前异种克隆研究领域,国际上仅印度野牛和欧洲盘羊获得成功。到目前为止,应用异种核移植技术获得活体后代都来自亚种间核移植。

3. 克隆动物的研究现状

2002 年,美国康涅狄格大学杨向中说"即便克隆动物足月产下,基因表达中仍存在许多异常,这部分地解释了克隆动物经常出现发育异常并且死亡的原因。"麻省先进细胞技术公司医学部主任、乳牛克隆专家罗伯特强调"超过 80% 的克隆动物在孕育期间或出生后不久死去"。英国基因遗传学监督组织 2002 年曾发表报告称:"英国科学家每年对数十万只动物进行基因修复和克隆。""很多试验效果甚微,常常给动物造成痛苦。流产、早产死亡和不孕。""动物遭受的痛苦及其原因没有受到公众监督和辩论。"

"在全球所做的 1 万多例动物克隆实验中,只有 124 条生命诞生,其中只有 65 只活到成年。这些存活的动物中很多存在严重的生理缺陷。在一项对 40 头克隆牛进行的研究评估中，34 头存在产前畸形、若干头存在肢体缺陷，而大部分则行动迟缓或身体虚弱。在另一项对 80 只转基因羊羔进行的研究中，除了 3 只外，其余全部在 12 周内死亡，要么是肾脏不正常，要么是大脑和肝脏不正常。"

克隆动物所用的卵活产数产后死亡率见表 8-1。

表 8-1　克隆动物所用的卵活产数产后死亡率

动物	卵细胞数量	活产数量	产后死亡率/%
小鼠	17 491	129	18
牛	8 919	71	37
羊	956	11	27
山羊	785	16	37
猪	2 856	10	0

（数据截止到 2001 年 8 月）

4. 克隆动物不成功的原因

克隆动物高失败率的原因是什么呢？是实验技术不成熟还是由于生物本身固有矛盾存在不可克服的困难呢？如果是技术问题，会逐步克服改进。但如果是生物学本身的矛盾，那将难以克服。克隆动物的种种问题，有可能不是技术障碍，而是严重的生物学障碍。

1）核苷酸甲基化

克隆动物在体内孕育时就有胎盘异常、胎儿过大综合征等不良现象，其肝、心、肾、骨均发生改变。克隆动物普遍存在的疾病有过分肥大、心脏病、组织和器官发育不全、易发生感染、肺部高血压、高热症、肾脏萎缩、雄性不育等。可能的原因是重编程序时发生了差错，引起端粒缩短、DNA 异常等。体细胞中某些 DNA 发生核苷酸甲基化，因此，无法正常复制 DNA。

早期胚胎发育是由母源 RNA，即隐 RNA 和蛋白质控制，发育到一定阶段，合子核才开始控制基因表达，由母源基因调控转向合子型基因调控，这是动物早期胚胎继续正常发育的必要条件之一。这一过程伴随着细胞核重编程，包括移植核重塑结构，已甲基化的基因组变化等。核重塑指移植核在受体卵细胞质的作用下发生的形态和功能的变化，如核仁分散、早熟染色质的凝聚（PCC）、核膜分解（NEBD）、染色质解凝聚、新的核膜重建、移植核的膨胀等。

2）外部因素引起的重编程序和基因表达紊乱

受精启动的胚胎发育与核转移启动的胚胎发育完全不同。克隆动物普遍存在重编程序和胚胎发育的异常。成年体细胞核如何重新启动发育进程？移植核需要活化胚胎发育基因，灭活已经标记的特异性基因。在此过程中，重编程序和基因表达都不可避免会发生错误。因而克隆动物即使表面正常，实际上所有组织都存在异常。

3）有丝分裂的紊乱

克隆胚胎的许多细胞染色体数目出现错误，有的很少，有的达两倍之多。克隆胚胎能带着缺陷存活下来，但发育程序很容易发生紊乱。有丝分裂时，纺锤体引导染色体到达正确的地方，但在克隆胚胎中，纺锤体会发生紊乱。帮助组织纺锤体的两种蛋白——NuMA 和 HSET

有时会发生丧失。

4）X 染色体的失活

哺乳动物的剂量补偿是靠灭活雌性个体体细胞中的一条 X 染色体实现的，这叫作 X 染色体失活。在核移植后，后生遗传给体细胞所做的活性 X 染色体和非活性 X 染色体的标记被去掉了，同时又在胚胎细胞中的任何一条 X 染色体上重新做标记。

5）端粒

在正常生理条件下，随着分裂次数的增加，体细胞端粒会逐渐缩短。以体细胞核为供体的克隆后代，会不会因为细胞端粒的缩短"未老先衰"呢？端粒缩短存在组织、器官、种间差异，克隆动物的早衰和端粒缩短之间的关系究竟如何还需进一步研究。

克隆技术应用前景广泛，但产业化困难重重。作为新兴的研究领域，克隆技术在理论和技术上都不成熟。理论上，分化体细胞克隆对遗传物质重编程的机理不清楚，克隆动物能否记住供体细胞的年龄，连续克隆动物是否累积突变基因，在克隆过程中，胞质线粒体的遗传作用等都还没有解决。

在克隆人，即生殖性克隆的问题上，人们产生了两种针锋相对的观点。支持克隆人（生殖性克隆）的观点认为克隆人经济效益可观，如提供可供移植的器官、辅助研究人类胚胎发育过程等。但这实际上将克隆人当物看待。而反对克隆人（生殖性克隆）的观点认为有两论（不伤害论和尊严论）支持其观点。不伤害论：①无性生殖是低级方式，一套不变的基因组更容易发生突变，对克隆人造成伤害。Dolly 羊衰老快，患严重风湿病，每天吃药，在罹患进行性肺炎后不得不进行安乐死。②新机体的产生必须经过重编程序，克隆过程迫使这种重编程序在短期内完成，容易发生程序差错和缺失，这是克隆动物缺陷残疾严重的主要原因，必将对克隆人造成伤害。③目前克隆技术还不过关，许多残疾被隐匿下来，在胎儿时期鉴别不出来，导致迟发性严重疾病，造成克隆人严重残疾。④克隆一个人需要 50~100 个卵，这对提供卵的妇女产生伤害。⑤克隆人的社会法律地位无法确定，这对他们造成伤害。⑥由于这些伤害，对其他人可能产生意想不到的伤害。尊严论：①克隆人与试管婴儿完全不同。后者是辅助生殖，前者是"制造"人类。生殖成为某种形式的"基因重组"。人的尊严意味着不能允许像在流水线上制造产品一样制造人。②人像产品一样被制造和处理，是社会道德的滑坡，引起对人的权利和尊严的蔑视。③一旦允许生殖性克隆，就无法防止各种其他目的的克隆。

如果克隆孩子出生怎么办？必须有适当的法律加以规范，即克隆出生的孩子与自然生殖出生的孩子平等对待，并拥有平等的社会、伦理和法律权利。但对克隆出生的孩子应密切注意可能出现的身体、认知、情感、社会关系等方面的问题，就如 WHO（世界卫生组织）要求对试管婴儿和用单精子胞浆显微注射法出生的孩子一样进行终身监测。对克隆人的研究人员和医生必须依法惩罚。

联合国禁止克隆人国际公约。2001 年，包括我国在内的 50 多个国家向联合国提出通过禁止生殖性克隆国际公约的建议。目前没有一个国家支持、赞成克隆人，而联合国之所以迟迟没有通过禁止克隆人公约，是因为美国、梵蒂冈等国主张不但应该禁止生殖性克隆，而且应该禁止治疗性克隆，而不是对禁止克隆人有什么争议。

美国等国的态度是错误的，这会给为人类带来崭新治疗方法的治疗性克隆设置人为障碍。同样，有关克隆人的炒作，会转移人们对治疗性克隆的关注。联合国目前只发表了一个禁止克隆人即生殖性克隆的宣言。

英国、日本、澳大利亚、美国的有关法律情况。英国：将一个细胞核替代产生的胚胎植入妇女的子宫内（也称生殖性克隆）为刑事犯罪。日本公布的克隆技术法第三条：任何人不可将人类体细胞克隆胚胎、人–动物融合胚胎、人–动物杂交胚胎或人–动物嵌合胚胎移植到人或动物的子宫内。第十六条：违反第三条条款者，应处以 10 年以下徒刑或 1 000 万日元以下的罚金，或两者并罚。澳大利亚：克隆人者被判处 15 年徒刑。美国通过法律宣布所有人类克隆都是非法。

第 59 届联合国大会批准了联大法律委员会通过的《联合国关于人的克隆宣言》，宣言要求各国考虑禁止各种形式的克隆人。

中国克隆人的相关政策，即不支持、不赞同、不承认、不接受。同时，科技部和卫生部发布了《人胚胎干细胞研究伦理指导原则》。其第一条：为了使我国生物医学领域人胚胎干细胞研究符合生命伦理规范，保证国际公认的生命伦理准则和我国相关规定得到尊重和遵守，促进人胚胎干细胞研究的健康发展，制定本指导原则。第四条：禁止进行生殖性克隆人的任何研究。第五条：用于研究的人胚胎干细胞只能通过下列方式获得：（一）体外受精时多余的配子或囊胚；（二）自然或自愿选择流产的胎儿细胞；（三）体细胞核移植技术所获得的囊胚和单性分裂囊胚；（四）自愿捐献的生殖细胞。第六条：进行人胚胎干细胞研究，必须遵守以下行为规范：（一）利用体外受精、体细胞核移植技术、单性复制技术或遗传修饰获得的囊胚，其体外培养期限自受精或核移植开始不得超过 14 天；（二）不得将前款中获得的已用于研究的人囊胚植入人或任何其他动物的生殖系统；（三）不得将人的生殖细胞与其他物种的生殖细胞结合。第七条：禁止买卖人类配子、受精卵、胚胎和胎儿组织。第八条：进行人胚胎干细胞研究，必须认真贯彻知情同意与知情选择原则，签署知情同意书，保护受试者的隐私。第九条：从事人胚胎干细胞研究单位应成立包括生物学、医学、法律或社会学等有关方面的研究和管理人员组成的伦理委员会，其职责是对人胚胎干细胞研究的伦理学及科学性进行综合审查、咨询和监督。

也许没有最好的办法，只有危害最少的做法。

6）iPS

利用病毒载体将 4 个转录因子（Oct4、Sox2、Klf4 和 c-Myc）同时转入已分化的体细胞中，会使其重编程为类似胚胎干细胞样的细胞，这被称为诱导性多能干细胞（induced pluripotent stem cells，iPS）。

iPS 是山中伸弥（Shinya Yamanaka）在 2006 年最先得到的。2007 年，美国威斯康星大学詹姆斯·汤姆森使体细胞转变成"诱导性多能干细胞"，山中申弥获得类似的研究结果。在把皮肤细胞转为干细胞后，美国马萨诸塞州怀德海特生物医学研究所的雅各布·汉纳用来自患病小鼠尾巴的皮肤细胞产生了诱导性多能干细胞。2008 年，美国加利福尼亚大学科学家将实验鼠皮肤细胞改造成 iPS，并成功使其分化成心肌细胞、血管平滑肌细胞及造血细胞。2009 年，日本东京大学科学家利用人类皮肤细胞制成的 iPS 培育出血小板，说明用 iPS 培育人类红细胞和白细胞都是可能的。日本庆应大学科学家用实验鼠的 iPS 培育出鼠角膜上皮细胞。2009 年，英国和加拿大科学家发现不借助病毒，可安全将普通皮肤细胞转化为 iPS；美国科学家可以将 iPS 中因转化需要而植入的有害基因移除，保证获得的神经元基本功能不受影响。2009 年，中国科学家周琪和高绍荣等人利用 iPS 克隆出活体实验鼠，证明 iPS 细胞与胚胎干细胞一样具有全能性。由于 iPS 的优越性，科学家正在努力把它变成可临床应用的细胞。

8.7 转基因与生物反应器

"反应器"指人们建立的一种定向的生产系统,是为获取某种特定产品而定向构建或改造的生产装置。转基因生物反应器(genetically modified organism bioreactor,GMOB),这是具有自组织、自复制、自调节、自适应能力的生命系统。利用基因工程技术将外源基因转化到受体中高效表达,从而获得具有重要应用价值的表达产物,包括转基因动物、转基因植物和转基因微生物。转基因生物反应器像一个活的发酵罐,能进行自我调节,一株转基因植物就成为一个植物生物反应器,一头转基因羊就成为一个动物生物反应器。

转基因生物反应器应用前景广泛,可用于大规模生产人类蛋白酶类药物、疫苗、细胞因子等产品,主要包括转基因细胞反应器、转基因动物反应器和转基因植物反应器三大类。但关于转基因生物及其产品的安全性问题,目前仍存在较大争议。

在生物制药领域,转基因生物反应器包括转基因微生物、转基因植物细胞、转基因动物细胞以及转基因的动物和植物。

微生物结构简单、繁殖迅速、容易培养,成为优良的转基因对象,将目的基因经过适当改造后导入大肠杆菌中,实现利用原核生物来表达基因蛋白。

细菌或细胞基因工程的生物反应器是建立在传统发酵工程技术的基础上,以细菌或动植物细胞为载体,进行高密度发酵培养、分离纯化获得所需要的目的产物,由此逐渐形成了第一代基因药物。

基因工程使得植物体成为包括药用蛋白在内的具有重要经济价值的异源蛋白的生物反应器。国内外已经有几十种药用蛋白质或多肽在植物中得到成功表达,其中包括促红细胞生成素、干扰素、生长激素、人的细胞因子、表皮生长因子、单克隆抗体和可作为疫苗用的抗原蛋白等。表8-2对几种生物反应器进行了比较。

表8-2 生物反应器的比较

类别	优点	缺点
微生物反应器	1. 可以利用发酵工程技术大规模生产 2. 胞外活性物质制备容易	1. 哺乳动物或人类的基因不能表达。有些表达了,却没有活性,需要进一步修饰 2. 真核生物蛋白质翻译后加工的精确性有限 3. 需要大型的发酵设备 4. 细菌发酵常形成不溶聚合物,使下游加工成本增加
植物反应器	1. 可大规模种植,上游生产成本较低,作为食物可省去下游加工步骤 2. 转基因植物自交后可得到稳定的遗传性状 3. 可利用植物组织和细胞培养技术实现大量制备	1. 植物种植受季节、环境影响 2. 需专门的活性物质分离设备与技术 3. 植物细胞培养需要发酵罐等设备技术支持,成本较高
动物反应器	1. 易养殖,实现大规模制备 2. 通过血液和乳腺制备活性物质简单易行 3. 可以通过动物细胞培养实现大量制备	1. 细胞培养需要昂贵的培养基和设备 2. 转基因动物制备成本昂贵 3. 转基因动物易产生一些伦理问题

第二篇　组织工程

第 9 章
组织工程生物材料

9.1 生物材料及其性质

材料科学是现代科学技术的支柱,常见的材料有金属、玻璃、聚合物、陶瓷和复合材料等。材料的性质研究包括材料的破碎、疲劳、蠕动、腐蚀、降解和退化等。而生物材料除了要研究一般材料的性质外,还要研究生物相容性、组织响应、宿主响应、致癌物质、硬/软组织移植、血管/胸部/泌尿/人工器官和黏膜接触等。所以,生物材料是指这样一些物质,天然的或合成的或两者构成的复合材料,这些材料能使用的一段时间内,全部或部分的系统治疗、补充或替代组织、器官或机体的功能。

1. 生物功能性

生物功能性指生物材料完成某种生物功能时应具备的性能。根据用途的不同,其主要分为:承受或传递负载功能,如骨骼、关节和牙齿等。控制血液或体液流动功能,如人工瓣膜、血管等。电、光、声传导功能,如心脏起搏器、人工晶状体、耳蜗等。填充功能,如整容手术用的填充体等。

材料在生物体内的响应——材料反应。生物机体作用于生物材料,或称材料反应,其有可能导致材料结构破坏或性质改变而丧失其原有的功能,可分为金属腐蚀、聚合物降解和磨损三个方面。

1) 金属腐蚀

生物体内存在腐蚀性环境,含盐的溶液是好的电解质,它促进了生物材料电化学腐蚀和水解。在生物组织中,存在具有催化或破坏外来材料功能的多种分子及细胞,将对生物体内的金属材料产生腐蚀。

对于生物材料而言,大多为局部腐蚀,包括应力腐蚀开裂、点腐蚀、晶间腐蚀、腐蚀疲劳及缝隙腐蚀等,最终导致生物材料整体发生破坏。一般情况下,虽然金属材料在生物体内保持惰性状态,但仍有可能会有材料中的物质溶入生物组织中,并对生物组织产生毒性反应,造成组织损伤和破坏。如不锈钢中溶出的 Cr^{6+} 具有生物组织毒性效应。

2) 聚合物降解

在长期使用过程中,聚合物受到氧、热、紫外线、机械、水蒸气、酸碱及微生物等因素的作用,逐渐丧失弹性,出现裂纹,变硬、变脆、变软、变色和发黏等,并使它的物理机械性能越来越差。

聚合物老化后容易形成碎片、颗粒、小分子单体物质,在使用它们时须谨慎,对耐久性的医疗器件,必须保持一定的强度和适当的机械性能,避免老化产物对周围组织产生毒害作用。如医用缝合线在降解时产生酸性物质,少量容易被人体中的缓冲物质中和,大量老化产物就会对周围组织产生损害。

3) 磨损

人工关节材料大多为 Ti_6Al_4V,其表面氧化生成 TiO_2,导致其耐磨性变差,植入人体后,因磨损在关节周围组织中产生黑褐色黏稠物,引起疼痛。钛合金人工全髋关节平均使用寿命一般短于 10 年。

目前,人工髋关节多采用坚硬的金属或陶瓷的股骨头与超高分子聚乙烯的髋臼杯组合,它的寿命也不超过 25 年。患者长期随访资料显示,移植假体失败的主要原因是超高分子聚乙烯磨损颗粒造成界面骨溶解,最终导致假体松动。这种磨损颗粒所产生的异物引起巨细胞反应,又称颗粒病,是移植关节晚期失败的主要原因。

2. 生物相容性

生物相容性指在一些特殊的应用中,材料对宿主反应的程度是合适的。宿主反应,即宿主器官对移植的生物材料和器件的反应。

1) 宿主的生物学反应

宿主在材料进入机体后,产生强烈的生物学反应,如表 9-1 所示。

表 9-1 宿主的生物学反应

反应类型	血液反应	免疫反应	组织反应
结果	血小板血栓	补体激活	炎症反应
	凝血系统激活	体液免疫反应(抗原-抗体反应)	细胞黏附
	纤溶系统激活	细胞免疫反应	细胞增殖(异常分化)
	溶血反应		形成囊膜
	白细胞反应		细胞质的转变
			细胞因子反应
			蛋白黏附

2) 宿主的机体反应

宿主机体将产生全身或局部的反应,如表 9-2 所示。

表 9-2 宿主的机体反应

反应类型	反应表现
急性全身反应	过敏、毒性、溶血、发热、神经麻痹等
慢性全身反应	毒性、致畸、免疫、功能障碍等
急性局部反应	炎症、血栓、坏死、排异等
慢性局部反应	致癌、钙化、炎症、溃疡等

生物相容性即植入材料与生物体之间的相互适应性。不论植入材料结构、性质如何,生物体都会出现排异反应,其排异程度决定材料的生物相容性。生物相容性又可分为组织相容

性和血液相容性两种情况。组织相容性指材料与生物组织,如骨骼、牙齿、内脏器官、肌肉、肌腱、皮肤等的相互适应性;血液相容性指材料与血液接触是否会引起凝血、溶血等不良反应。表9-3为生物相容性的影响因素。

表9-3 生物相容性的影响因素

来源	影响因素
材料	本体化学、表面化学、表面粗糙度、表面能、表面电荷、降解或代谢产物
装置	大小、形状、弹性模量/刚性
机体	实验动物种类、组织类型与位置、年龄、性别、健康状态、给药状态
系统	操作技术、植入体附件、感染状况

(引自 Williams,1992)

组织反应的严重程度与植入材料本身的结构和性质,如亲水性、电荷、微相结构等;植入材料的渗出成分,如杂质、残留单体、添加剂等;植入材料降解或代谢产物有关。同时,植入材料的几何形状也能引起严重组织反应。

材料渗出成分或降解产物会引起不同类型的组织反应,如炎症反应,如渗出时间较长,可能会发展成慢性炎症反应。材料降解产物的组织反应还与降解速度、降解产物的毒性、持续时间等因素有关。如采用聚酯材料修补人工喉管导致慢性炎症。

材料的物理形态对组织反应产生影响,如大小、形状、孔密度和表面粗糙度等。实验动物的不同种属,材料植入的位置等亦会对组织反应产生影响。一般情况下,植入材料的体积越大、表面越平滑,组织反应越严重。植入材料与植入部位的生物组织间相对运动,也会引发相应的组织反应。

在动物实验中,植入鼠体的材料若是固体材料,面积大于 $1\ cm^2$,不论材料什么种类、何种形状,材料本身是否有化学致癌性,均可能导致癌症发生,即固体致癌性或异物致癌性。固体致癌性与慢性炎症和纤维化特别是纤维包膜厚度密切相关。如高分子材料植入大鼠体内,前3~12个月形成的纤维包膜厚度若大于 0.2 mm,一段潜伏期后会出现癌症。但低于 0.2 mm,癌症很少发生。

人体内存在凝血与抗凝血系统,二者动态平衡,维持血液正常生理状态。植入材料与血液接触时,优先吸附血浆蛋白质,再黏附血小板,血小板破裂释放血小板因子,在材料表面发生凝血产生血栓。植入材料还可促使红细胞黏附与凝血酶原活化形成血栓。

实验发现,血小板黏附与材料表面能有关,在表面能较低的有机硅聚合物上不易发生,聚甲基丙烯酸-β-羟乙酯、接枝聚乙烯醇、主链和侧链中含有聚乙二醇结构的亲水性材料容易被水介质润湿而具有较小的表面能,也较少发生。而在高表面能的尼龙、玻璃等,其容易发生。所以,低表面能材料具有较好的抗凝血能力。

材料的抗凝血性还与材料的含水率、表面亲-疏水平衡、表面电荷和表面粗糙度相关。含水率 65%~75%的水凝胶抗凝血较好,带适当负电荷的材料表面有利于抗凝血,材料表面的光滑度有助于抗凝血。

3. 材料作为异物进入机体后机体反应

在一次狩猎事故中，有人被猎枪的弹丸击伤，异物进入机体后会发生什么呢？一般情况下，会发生一系列的变化，在最初的几秒到几分钟，一些纤维蛋白和单核细胞会附着在弹丸的周围。如果弹丸被移出体外、溶解或消化，创伤就会修复，变成正常的组织。如果弹丸继续留在那里，几周内将形成一个纤维包膜，把弹丸和组织隔离开来。再过几月至几年，可能发生慢性炎症反应，如图 9-1 所示。

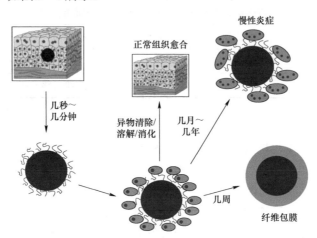

图 9-1 弹丸进入机体的反应

这个现象由什么决定呢？关键在于外来物是否能被消化或降解：①外来物的尺寸大小，它能否被吞噬。②表面化学，特定的材料优先吸附特定的蛋白质，或没有一点吸附，或存在生物活性分子，如细菌细胞壁、组织工程支架等。

在大约 1 d 的时间里，纤维包膜不会有什么变化（图 9-2）。在一天半的时候，形成新的血管，稍后会出现胶原纤维沉积，几周内形成疤痕组织。到 4~6 周，形成较厚的纤维包膜，把弹丸和其他组织隔离开来。例如，鸟枪弹留在人体中，既不能消化，也不能降解，这样的粒状物只能留在组织中，由于太大而不能被吞噬，结果吞噬失败导致鸟枪弹被纤维组织隔离。

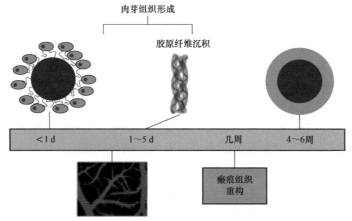

图 9-2 弹丸进入机体的后续反应

慢性炎症会逐步发展（图 9-3），几天或几月时间里，异源巨细胞形成一整合的巨噬细胞和单核细胞。再过几月或几年，形成肉芽肿，即一群巨噬细胞和异源巨细胞堆成一团。

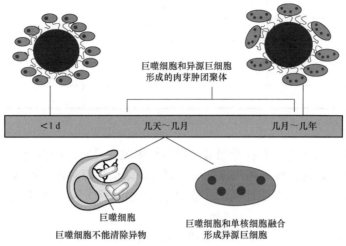

图 9-3 弹丸进入机体的慢性炎症反应

磨损导致骨质溶解的过程中，磨损颗粒可被抗体结合，通过调理化作用，促使巨噬细胞吞噬，并导致破骨细胞/中性粒细胞和成骨细胞之间的平衡破坏，破骨细胞量升高，成骨细胞量降低，溶骨作用产生，导致骨质溶解（图 9-4）。FDA 永久植入器件生物相容性测试的指导规则如表 9-4 所示。

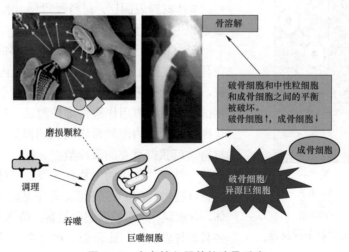

图 9-4 永久植入器件的溶骨反应

表 9-4 FDA 永久植入器件生物相容性测试的指导规则

项目	组织/骨头	血液
对细胞的毒性	⊕	⊕
诱导敏感应答	⊕	⊕
刺激性或内源性反应	⊙	⊕
急性系统性毒性	⊙	⊕

续表

项目	组织/骨头	血液
次慢性毒性	⊙	⊕
遗传性毒性	⊕	⊕
移植	⊕	⊕
血液相容性	/	⊕

注：⊕ISO 评估测试；⊙其他评估测试；/未测试。

世界许多国家和地区有面向社会服务的材料微测试实验室，由有经验的经过全时训练的微生物专家管理运行，进行体外体内毒性实验服务，如兔热源测定、敏感、植入、次慢性/慢性毒性试验、内源性反应、刺激性测试、验尸服务、组织学服务，细胞毒、溶血、补体激活等微量法测试。

一般采用通用的权威方法，如美国专利、欧洲专利和英国专利报道的方法，或美国食品药品监督管理局和美国材料与试验学会指定的方法。

生物材料的选择，需要考虑哪些参数呢？以下材料性能将优先考虑：机械性能，热/电导性，分散能力，水吸收性能，生物稳定性和生物相容性。

生物相容性实际上是一种表面现象，这是由于生物组织密切接触的是材料表面，而表面以下的本体材料对组织影响有限。在组成结构上依次是：本体材料表面层，材料吸附层，水、离子和蛋白质，细胞和生物流体（图9-5）。

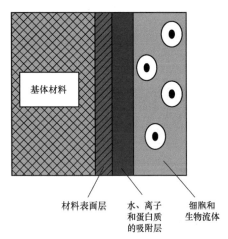

图 9-5 机体对材料表面反应

对材料进行测试的动物是比较多的，如用兔子，可在耳朵、皮肤上进行热源测试。对几内亚猪进行皮肤测试，对猪抗原进行植入材料测试，对小鼠进行遗传毒性测试，细菌也可用作遗传毒性测试，效果比较灵敏，而马蹄铁可作为内源性毒素测试的模型。人长期植入某种材料，可获得重要的医疗数据。

一些经常使用的生物材料有：硅橡胶导尿管、涤纶血管移植物、纤维素透析膜、聚甲基丙烯酸酯做眼内晶状体，骨水泥、水凝胶做眼科设备，药物控释、不锈钢整形外科器件做支架，钛合金、铝合金、羟基磷灰石做整形外科和牙科材料，胶原（重加工）应用于眼科，创伤填充。

生物材料的使用，可代替疾病器官，如透析；辅助治疗，如缝合；校正，如脊骨小枝；校正整容，如鼻子、耳朵；替代腐烂组织器官，如汞合金；代替坏死组织，如皮肤。

4. 生物材料研究

公元前 600 年，印度外科大夫 Sushruta 从病人的颊部取皮来修复鼻子的损伤部位。这种修复方法被传到西方并得以完善，现在称为"印度方法"，一般用胳膊部位的皮肤来修复鼻子。外科手术中使用金属始于 1565 年。以修复长骨和关节为核心的现代技术发端于 19 世纪末，Lane 设计了治疗骨折用的钢板。1930 年以来，随着塑料工业兴起，聚合物在手术重建中得到应用。1950 年，在心血管植入中尝试使用聚合物材料。1960 年临床用心脏瓣膜开发成功。1980

年，人工心脏开发成功。

罗马人、中国人和阿芝特克人在 2 000 年前使用金在牙科上，也可用象牙和硬木替代牙齿，铜是不行的。1900 年使用骨板材料，1930 年使用关节材料，进入 21 世纪，合成材料大量地使用。第二次世界大战期间，PMMA（聚甲基丙烯酸甲酯）的碎片，无意中进入飞行员眼中，医生发现这种材料有很好的生物相容性。降落伞布用于弥补血管缺陷。1960 年用不锈钢支架组合聚乙烯制作人工臀。

近年来，生物材料市场发展势头很好，其态势已可以和信息、汽车产业在世界经济中的地位相比。1980 年，全球医用生物材料及制品的销售额为 200 亿美元，1990 年达 500 亿美元，1995 年近 1 000 亿美元，2010 年近 4 000 亿美元。据 OECD（经济合作与发展组织）统计，2010 年全球生物医学材料产业的市场销售额达到药物市场份额的规模。我国生物材料的研究起步于 1950 年，但发展很快。

第一代移植材料，可能是被某个医生借用的普通工程材料，如此巨大的成功或是偶然的，不是预先设计的。例如金牙、木牙、象牙、PMMA、骨板、涤纶和降落伞布血管移植物、玻璃眼、人工晶状体等，都是偶然发现的。

第二代移植材料，即工程化的移植物还是借用普通工程材料，医生和工程师通过合作研发，建立起第一代实验模型，采用材料科学领域的先进材料加以改进。例如钛合金牙齿植入、钴–铬–钼合金外科整形材料、超高密度质量聚乙烯、全关节替代、心脏瓣膜和起搏器。

第三代移植材料，即生物工程化的植入材料，使用生物工程材料。例如一些修饰和新的高分子器件，许多还处在发展过程中，组织工程化的植入材料被设计成可再生的，而不仅是代替组织。

一些生物科学公司已经开发出各种组织工程材料，如联合生命科学公司的人工皮肤、基因酶公司的软骨细胞、可吸收的骨修复水泥和遗传工程化的"生物"部件等。

生物材料技术的进步方兴未艾，如：3D 生长的细胞，组织材料重构，生物传感，生物模拟和智能器件，可控药物释放，靶向药物释放，生物杂交器官和细胞免疫隔离；新的生物活性材料，无机生物可降解材料；新的加工技术等。

生物材料是一个新兴的工业，下一代医疗植入物和新的治疗模式，生物技术和传统工程学的交叉成为重要的工业增长点，在下一个 15 年里，一个潜在的几千亿美元的工业正在形成。

还有哪些挑战呢？在体外如何更好地修复复合组织结构及重构组织，更好地理解细胞外和细胞间的细胞功能模式，发展新的材料和加工技术，而这些是与生物界面相融合的，有更好的免疫耐受的策略。这些任务的完成必将把组织工程推进到新的阶段。

眼内晶状体目前有三种基本材料可以使用：聚甲基丙烯酸甲酯，丙烯酸纤维和硅胶。图 9-6 为眼睛晶状体。

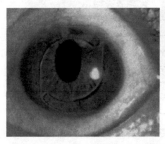 

图 9-6 眼睛晶状体

人工髋关节是关节置换手术的重要基础。它可以有效治疗因髋关节坏死导致的疾患。图9-7所示为人工髋关节。图9-8为可取代的心脏瓣膜与生物瓣膜标本的比较。

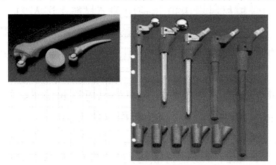

图9-7　人工髋关节

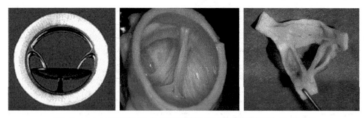

图9-8　可取代的心脏瓣膜与生物瓣膜标本的比较

图9-9为扫描电子显微镜显示的复合盘的横断面，骨髓基质细胞已移植培养在这个盘状物中。

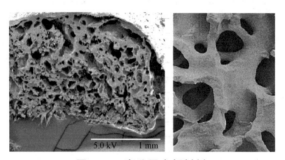

图9-9　高分子支架材料

高分子支架的合成，形成一个鼻子的形状［图9-10（a）］，接种软骨细胞在支架上，经过一段时间的培养，高分子支架被软骨长期代替［图9-10（b）］，制造了一个合适的移植物。

图9-10　人鼻子支架材料及细胞在支架的生长
（a）高分子支架；（b）已接种软骨细胞的支架

生物材料的发展也在进化，循着结构–软组织替代–功能组织工程化构建，逐步进入现代生物材料工业，如图9–11所示。

各种生物材料之间的关系如图9–12所示，合成生物材料种类繁多、使用广泛。如高分子材料，可以做皮肤和软骨，眼科移植物，药物控释材料。金属材料，整形外科的螺丝钉和固定件，牙科移植物。半导体材料，可移植的微电极材料。陶瓷材料，骨代替物、心脏瓣膜、牙科移植物。

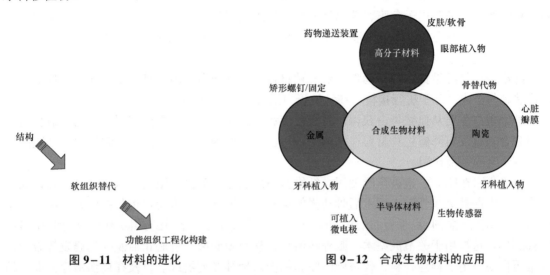

图9–11　材料的进化　　　　　图9–12　合成生物材料的应用

5. 生物学评价标准

生物材料的生物学评价一般按用途、接触方式、接触人体部位和接触时间等划分，但标准还未完全实现统一，随着一般生物相容材料向智能生物材料的转变，标准还在完善。

目前各国在已基本统一的国际标准化组织（ISO）提出的生物标准上，保留了各自的特点。

目前已有的标准有：①ISO 10993.1—1992 至 ISO 10993.12—1992；②ASTM（美国材料实验协会）（F748–82）标准；③我国在美国和日本的基础上，1997年由卫生部颁布了我国自己的标准。

9.2　天然生物材料

人类身体的皮肤、肌肉、组织和器官都是由天然高分子组成。天然高分子生物材料是人类最早使用的医用材料之一，它具有很多优点，如功能多样性、与生物组织相容性好、生物可降解性及对其改性、复合并杂化等。

目前临床使用的天然高分子生物材料主要有：天然蛋白质材料，包括胶原蛋白和纤维蛋白；天然多糖类材料，包括纤维素、甲壳素和壳聚糖等。这些材料存在结构和组成的差异，表现出不同的性质，应用于不同的方面。

1. 天然蛋白质材料

1）胶原蛋白

胶原蛋白是脊椎动物的主要结构蛋白，能支持组织和结构组织，形成皮肤、肌腱和骨骼有机质。胶原蛋白来源广泛，并被应用于医疗的各个方面。

胶原蛋白与人体组织相容性好，不会引起抗体的产生，植入人体后无毒性反应，且能促进细胞增殖，加速伤口愈合，可降解，被人体吸收，其降解产物无毒副作用。胶原蛋白的基本单位为原胶原蛋白，3条α-肽链拧成3股螺旋状结构，分子量30万左右。不同种类动物分离出来的胶原蛋白结构非常相似。

胶原分散后可再生，将其加工成不同形状的制品用于临床，受到人们的重视。凝胶能做创伤敷料用，粉末能用作止血和药物释放系统，纺丝纤维作为人工血管、人工皮、人工肌腱和外科缝线用，薄膜用于角膜、药物释放系统和组织再生引导材料，管状用于人工血管、胆管和管状器官，空心纤维用于血液透析膜和人工肺膜，海绵用于创伤敷料和止血剂等。

2）纤维蛋白

纤维蛋白是纤维蛋白原凝固形成的一种材料。纤维蛋白可用多种方法改性，包括放射性碘化法、与合成高分子进行接枝、在纤维蛋白上进行酶的固定等。

纤维蛋白主要从血浆蛋白获得，具有血液和组织相容性，无毒副作用，作为止血材料、创伤愈合辅料及可降解生物材料在临床上应用已久。作为一种骨架结构，它能促进细胞的生长，有一定的杀菌作用。

纤维蛋白在临床上也被广泛使用，纤维蛋白原的原位凝固，眼科手术黏合剂，肺切除填充胸腔，慢性骨炎和骨髓炎手术后骨缺损的填充，纤维蛋白粉末止血可与抗菌素联用。纤维蛋白海绵用作止血剂，扁平瘢的治疗和唾液腺外科手术后的填充，还有组织代用品，如Bioplast（商品名），这被用于关节成型术、眼外科治疗、视网膜脱离、肝脏止血及疝气修复等方面，纤维蛋白薄膜用于神经外科，代替硬脑膜和保护末梢神经的缝线，以及在烧伤治疗方面，消除颌面窦和口腔间的穿孔等。

2. 天然多糖类材料

多糖是单糖分子缩聚、糖苷键联结的天然高分子化合物。均聚糖水解后只有一种单糖产生，如纤维素、淀粉等。杂聚糖水解后产生两种或两种以上单糖，如菊粉等。

自然界广泛存在的多糖主要有：植物多糖，如纤维素、半纤维素、淀粉、果胶等；动物多糖，如甲壳素、壳聚糖、肝素、硫酸软骨素等；琼脂多糖，如琼脂、海藻酸、角叉藻聚糖等；菌类多糖，如D-葡聚糖、D-半乳聚糖、甘露聚糖等；微生物多糖，如右旋糖酐、凝乳糖、出芽短梗孢糖等。其中纤维素、甲壳素和壳聚糖最受关注。

1）纤维素

葡萄糖是以β-糖苷键联结的高分子化合物。它存在多种构型和结晶形式，是植物细胞壁的主要成分。纤维素是自然界数量最多的碳水化合物，其结构复杂，目前仍未完全破解。

天然纤维素在构型上是纤维Ⅰ型，再生纤维素是纤维Ⅱ型，而后者构型更稳定。不同类型的天然纤维素结晶度很不相同，纤维素结晶度提高，它的抗张强度、硬度、密度随之上升，但弹性、韧性、膨胀性、吸水性和化学反应性反而下降。

纤维素的主要用途是制作各种医用膜。如硝酸纤维素膜，曾用于血液透析和过滤，但由于性能不稳定，已被取代。黏胶纤维或赛珞玢制作的管可用于透析，但因透析肌酐差，透析用赛珞玢逐步被淘汰。再生纤维素目前使用较多，如人工肾透析膜材料，对溶质的传递，纤维素膜起筛网和微孔壁垒作用，效果良好。醋酸纤维素膜用于血透析，全氟代酰基纤维素用于制造膜式肺、人工心瓣膜、各种医用导管等。

2）甲壳素

甲壳素化学名称为聚 N-乙酰-D 葡萄糖胺，分子式 $(C_8H_{13}NO_5)_n$，为氨基多糖，具有明显碱性。其在低等植物和甲壳动物的外壳中有广泛分布，每年生物合成量达 1 000 亿 t，是仅次于植物纤维的第二大生物资源，被认为是继蛋白质、糖、脂肪、维生素、矿物质以后的第六生命要素。甲壳素具有强化免疫，降低血压、血脂和血糖，活化细胞，调节植物神经及内分泌系统等功能。

甲壳素（图 9-13）组织相容性优良，作为医用敷料能促进伤口愈合，吸收伤口渗出物。还可作为药物缓释剂，中性，可与各种药物配伍。注射高黏度甲壳素，在血管内可形成血栓，使血管闭塞，在手术中达到止血目的，与注射明胶海绵等方法比较，易操作，感染少。甲壳素缝线的电镜照片如图 9-14 所示，甲壳素人工皮的电镜照片如图 9-15 所示。其还可作为保健材料，用于健康无害烟、护肤产品、保健内衣等。

图 9-13　甲壳素

图 9-14　甲壳素缝线的电镜照片

3）壳聚糖

壳聚糖（图 9-16）是甲壳素去除部分乙酰基后继续用浓碱乙酰基化得到的产物，具有一定的黏度，无毒副作用。其不溶于水和碱液，但溶于多种酸性溶液中。它存在较多的侧基官能团，可实现酯化、醚化、氧化、磺化和接枝交联等反应。磺化产品结构与肝素极相似，可作为肝素的替代品抗凝。

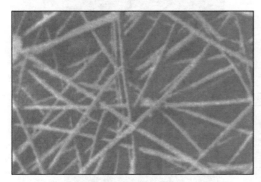

图 9-15　甲壳素人工皮的电镜照片

图 9-16　壳聚糖

壳聚糖适用广泛，生物相容性良好，受到普遍的重视，用于可吸收缝合线，在整形外科，皮肤外科，Ⅱ、Ⅲ度烧伤，采皮伤和植皮伤等治疗中广泛应用。还可制成海绵状，用于拔除患牙、囊肿切除、眼科手术等。也可用于制作隐形眼镜、固相酶载体、大规模高密度细胞培养的微胶囊、构成人工生物器官的活细胞包封等。

9.3 细胞外基质

细胞产生的蛋白质和碳水化合物的集合形成了细胞外基质，细胞外基质的成分多种多样，包括胶原蛋白、蛋白多糖、糖胺聚糖、层连蛋白和弹性蛋白等。其作用将影响细胞形态，促进细胞迁移，调节细胞增殖和分化。

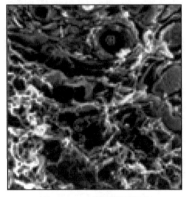

图9-17 细胞外基质

人们为什么对细胞外基质感兴趣？因为在复杂的疾病过程中，包括动脉硬化、癌症、关节炎、红斑狼疮等都与细胞外基质有关，而且它是基因治疗的主要屏障，细胞外基质与细胞表面受体相互作用影响细胞行为和基因表达，创造人工的细胞外基质是组织工程的一个重要目标，并且是最大的挑战之一。

ECM是细胞必需的凝胶，这个凝胶被细胞产生并且黏附在细胞上，它由纤维固体和黏滞流体组成，包括：结构纤维，为胶原和弹性蛋白；亲水性细胞外基质，为细胞外流体和蛋白多糖；黏附分子，包括纤粘连蛋白和层粘连蛋白。其形貌如图9-17所示。

1. 结构纤维

胶原（图9-18）由平行排列的蛋白纤维组成，有很高的弹性模量，类型多样。如Ⅰ型胶原，它是肌腱的主要组成部分。它的装配过程由细胞内和细胞外两个阶段组成，如图9-19所示。

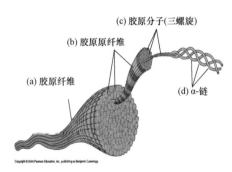
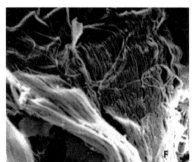

图9-18 胶原

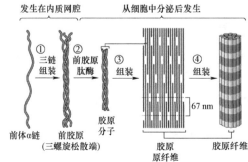

图9-19 胶原的装配

胶原纤维通过胱氨酸之间的交联，进一步增强了稳定性。其化学交联反应由胱氨酸氧化酶催化，该酶是铜依赖性酶。反应过程如图9-20所示。

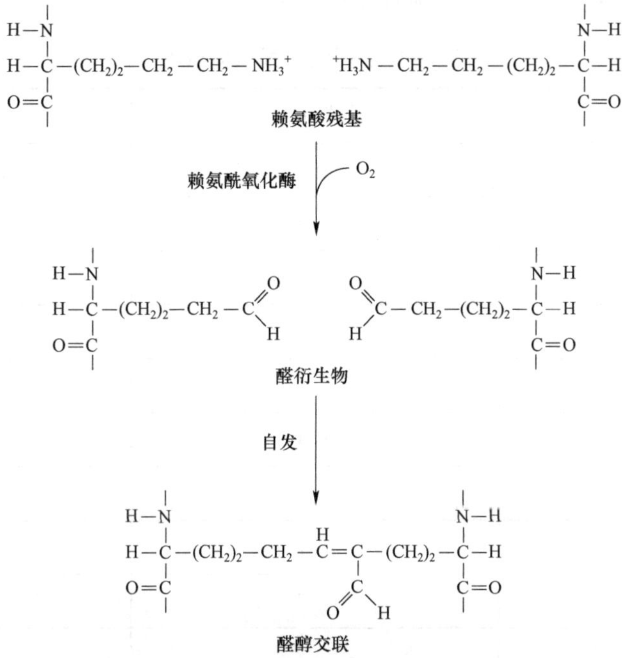

图9-20 胶原纤维中化学键的形成

弹性蛋白存在两种状态（图9-21），一种是无定形的，与胶原相比，它有非常低的弹性模量。另一种是许多韧带的初级组成成分，为许多原弹性蛋白交联在一起。

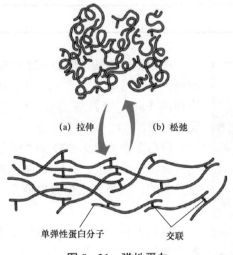

图9-21 弹性蛋白

2. 亲水性细胞外基质

细胞什么情况下乐于"寄宿于工作区"并且"喜欢"这个环境呢？细胞外基质（细胞间液）流体必须有与细胞质接近或相等的渗透压、低蛋白含量、重碳酸盐缓冲液，钠离子和氯离子是主要的离子。

林嘉氏溶液——乳酸盐提供了钠钙氯和重碳酸根离子，细胞外基质流体在浓度上与表9-5所示的电解质、电解液、血浆、间质流体组成相似。

表9-5 细胞外基质流体组成

电解质	血浆/mM	间质流体/mM
阳离子		
钠离子	142	145
钾	4	4
钙	5	5
镁	2	2
全部阳离子	153	156
阴离子		
氯	101	114
重碳酸盐离子	27	31
磷酸盐离子	2	2
硫酸盐离子	1	1
有机酸	6	7
蛋白质	16	1
全部阴离子	153	156

图9-22 培养基

在细胞培养基（图9-22）的开始点必须有正确的离子浓度，培养基制备常常从"基本培养基"开始，如Dulbecco修饰的Eagle培养基DMEM。然后再补充一些胎牛血清一类的物质。

蛋白多糖（图9-23）由"核心蛋白质"和糖胺聚糖组成。糖胺聚糖是线性的，胺修饰的二糖是可重复的，常硫酸酯化，总是负的，这样亲水糖胺聚糖互相排斥弹开，形成水和的基质。

蛋白多糖的功能是：减少亲水的物质导电，抵抗压缩，黏合离子，结合生长因子，如图9-24所示。

基底膜（图9-25）由特殊的覆盖在一些细胞上的细胞外基质的薄板层组成，功能包括结构支持、转运障碍和表型调控。其包含蛋白多糖、IV型胶原、纤粘连蛋白和层粘连蛋白。

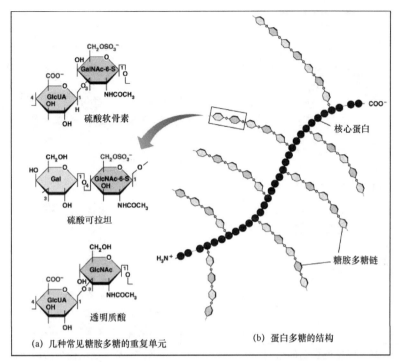

图 9-23 蛋白多糖

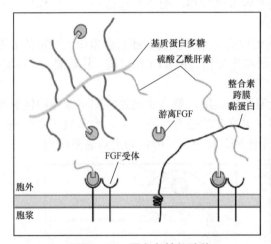

图 9-24 蛋白多糖的功能

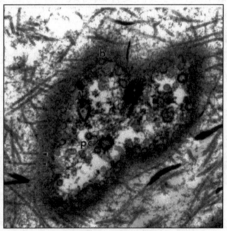

图 9-25 基底膜

3. 黏附分子

纤粘连蛋白把细胞和基质黏合在一起，帮助指导细胞的运动，有可溶和不溶的形式，包括：细胞表面受体和细胞外成分的结合位置，肝素（糖胺聚糖和抗凝血剂），人纤维蛋白（血凝蛋白），胶原蛋白。其随处可以构建，包括血管，它能帮助血小板黏合在血凝块上。纤粘连蛋白的结构如图 9-26 所示。

层粘连蛋白是另外一种桥分子，能把细胞和基质成分结合起来。构建特有的层粘连蛋白，黏合位置为细胞表面受体，肝素和硫酸酯化的肝素，Ⅳ型胶原，接触素。图 9-27 为层粘连蛋白的结构。

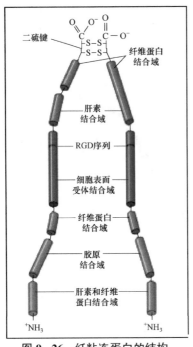

图 9-26 纤粘连蛋白的结构

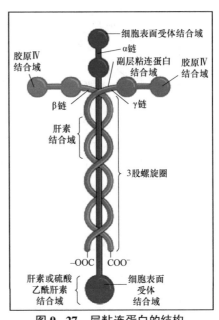

图 9-27 层粘连蛋白的结构

黏附受体为蛋白受体或与最初结构连接的碳水化合物，而不是起信号分子的作用，形式有细胞—物质和细胞—细胞。

整合素（图 9-28）是由 α 亚基和 β 亚基组成的二聚体蛋白。在整合素中，特定的 α 亚基和 β 亚基决定了配体的特异性，如 $α_5β_1$ 结合纤粘连蛋白，RGD（精氨酸-甘氨酸-天冬氨酸）序列在配体中是共享的序列。

定点黏附是细胞骨架和细胞的基质外骨架直接连接，整合素通过它们与细胞质区域结合到骨架蛋白，整合素的聚集不仅有黏附作用，更重要的是有信号作用，大多数正常细胞除非贴壁，不然它们不会增殖。癌细胞丢失了这个限制。图 9-29 所示为定点黏附结构。

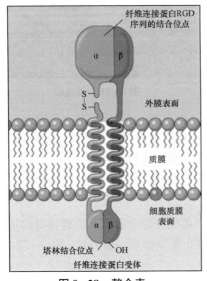

图 9-28 整合素

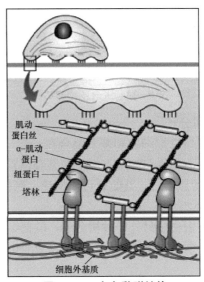

图 9-29 定点黏附结构

整合素也可以结合到细胞骨架的中间纤维网络上,这些成簇的整合素补块称为半桥粒,如图 9-30 所示。

另外一种细胞-细胞黏附受体,通过细胞表面的细胞黏附分子,如亲巢分子、神经细胞黏附分子、钙调蛋白等互相结合。凝集素能结合在蛋白多糖的低聚糖上。整合素不仅能把细胞结合到基质上,更重要的是能把细胞结合到细胞上。黏附受体连接如图 9-31 所示。

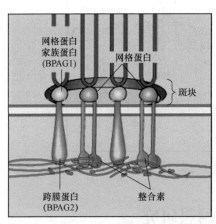

图 9-30 半桥粒

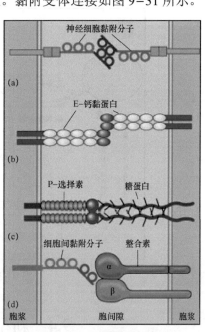

图 9-31 黏附受体连接

钙黏蛋白连接(图 9-32)是一种黏附连接。钙黏蛋白介导一个细胞的肌动纤维结合在另一个细胞上,如心脏。桥粒是钙黏蛋白介导一个细胞的中间纤维结合在另一个细胞上,如皮肤。

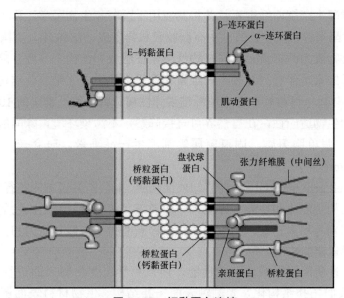

图 9-32 钙黏蛋白连接

凝集素、整合素和白细胞归巢（图 9-33）。在发炎的时候，靠近内皮细胞的蛋白质萌芽选择哪一种在白细胞蛋白多糖上的低聚糖配体是特定的。这种快速结合和释放，导致白细胞的滚动。

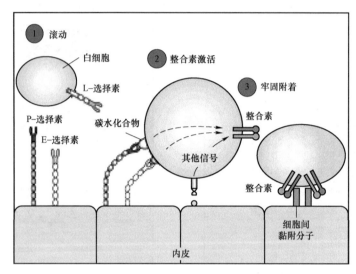

图 9-33　白细胞归巢

9.4　新型生物材料研究

每一种新生物材料的使用都极大地促进了组织工程的进展，所以人们一直致力于新的生物材料的开发。

利用微生物发酵生产细菌纤维素，并将其应用于医药和生物医学工程等领域，具有很好的应用前景。在食醋发酵生产中，醪液中有凝胶膜状物生成。1886 年，英国人 Brown 等利用化学分析确定此类物质为纤维素，它与植物纤维素在组成和结构上一致。醋酸纤维素是纯纤维素，高等植物纤维素是伴有另两种半纤维素和木质素等组成三维立体结构。醋酸纤维素纯度高、结晶度高，以单一纤维存在。细菌纤维素弹性模量为一般纤维素的 10 倍以上，抗拉强度高，具有较强的生物适应性，在自然界可直接降解，不污染环境。除醋酸菌属外，根瘤菌属、八叠球菌属、假单胞菌属、固氮菌属等都能生产纤维素。研究较多的是木醋酸杆菌（*Acetabacter xylinum*）。

智能材料（intelligent material）是能感知外部刺激，能判断并可响应执行的新型功能材料。智能材料可实现结构功能化和功能多样化。一般说来，智能材料有七大功能，即传感功能、反馈功能、信息识别与积累功能、响应功能、自诊断能力、自修复能力和自适应能力。这将在组织工程中获得重要的应用。

生物材料表面性质深刻影响材料的性能，所以科学家在材料表面进行了多种加工和修饰，如生物材料表面拓扑结构化、光刻蚀表面拓扑结构、生物材料表面图案化、物理化学性能不同的表面图案化、刺激响应高分子表面图案化、多糖表面图案化、细胞黏附因子表面图案化等。图 9-34 是麻省理工学院的科学家使用细胞在材料表面培养出 MIT 字样的细胞群。

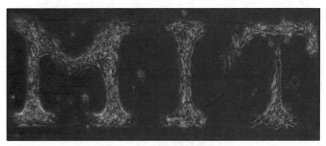

图 9-34 生物材料表面

第10章
组织工程细胞支架的构建

10.1 天然衍生高分子及可降解合成高分子生物材料支架的构建

组织工程使用的支架材料大多是天然高分子，如胶原蛋白、明胶、壳聚糖等，还包括透明质酸、硫酸软骨素、肝素和硫酸皮肤素的氨基葡聚糖类。胶原蛋白是优良的组织工程支架材料。组织工程支架是细胞生长的空间，细胞分布在支架的多孔区域，常见的天然大分子成型方法如下。

1. 冷冻干燥法

天然大分子溶液低温冷冻时，溶液中的水结晶成冰，天然大分子聚集，构成冰晶的晶界，形成网络状结构。然后抽真空，冰晶升华，天然大分子将会保留冷冻多孔网络结构。制备多孔胶原蛋白海绵支架的步骤为：将 I 型胶原溶于醋酸溶液中（pH 2.5），加入冰水，在 4 ℃下搅拌 1 h；通过滤膜过滤并真空除去气泡；最后将溶液在 -80 ℃下冷冻过夜，冷冻干燥得到多孔胶原蛋白支架。

将壳聚糖溶于醋酸溶液中，浇注在干净容器中并放入冰箱在 -80 ℃下冷冻过夜，在冷冻干燥器中制得多孔支架，支架孔径较小。图 10-1 为冷冻干燥法制备的壳聚糖扫描电镜照片。

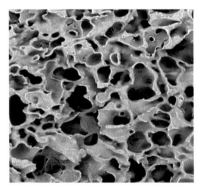

图 10-1 多孔壳聚糖支架

2. 冷冻凝胶法

天然高分子材料稀释成溶液，冷冻后的溶液再浸泡在另一种使材料发生凝胶化的溶液中使其凝胶化，再在室温下干燥得到多孔支架材料，节约时间和能源。制备多孔壳聚糖支架的步骤为：将壳聚糖溶于醋酸溶液中制备成壳聚糖溶液，再将溶液置玻璃盘中，在 -20 ℃下冷冻；将氢氧化钠/乙醇/水溶液预冷到 -20 ℃。将壳聚糖溶液浸泡在预冷过的氢氧化钠/乙醇/水溶液中，调节 pH 使壳聚糖溶液在其冰点以下发生凝胶化；室温干燥成多孔壳聚糖支架。

3. 天然衍生高分子生物材料的交联

天然衍生高分子生物材料在分离、提取、纯化和制备过程中丧失了天然交联结构，力学性能、耐酶降解性和稳定性很差，需要进行交联以提高其性能。

1）化学交联法

使用双官能团试剂交联碱性氨基酸残基的氨基和酸性氨基酸残基的羧基。化学交联剂具有毒性，其衍生物带有残余毒性。

戊二醛交联。戊二醛分子的双醛基与氨基酸残基上的氨基反应，还可与羧基、亚胺基等基团反应。通过羟醛缩合使天然大分子间共价交联。可通过溶液的 pH、不同溶剂和戊二醛浓度调控交联反应，使从戊二醛聚合物中释出的毒性单体逐渐减少。

碳化二亚胺交联。碳化二亚胺中最常用的是 1-乙基-3-（3-甲基氨丙基）碳化二亚胺 [1-ethyl-3-（3-dimethlaminopropyl）carbodiimide，EDC]。EDC 交联反应首先是碳化二亚胺与谷氨酸或天冬氨酸残基的羧基生成 O-异酰脲中间体。活化中间体被赖氨酸或羟基赖氨酸中的氨基亲核攻击生成酰胺键。其中碳化二亚胺经反应生成异脲衍生物，因溶于水可除去。EDC 仅促使蛋白质链间的羧基和伯氨侧链基团之间生成酰胺键，因不参与形成交联结构，与肌细胞和成纤维细胞相容性好，可制成优良的多孔支架材料。

2）物理交联法

化学交联法在反应过程中加入交联剂，交联剂是有毒性的，造成交联材料含有毒性或降解时产生有毒单体。物理交联法，如脱水加热、辐射和光氧化等无毒性物质产生。

脱水加热法是在真空状态下将胶原蛋白充分脱水再加热，赖氨酸和天冬氨酸或谷氨酸残基间脱氢生成分子间酰胺键。交联会增加胶原材料的力学性能、收缩温度和抗胶原酶降解，但也会引起部分胶原蛋白变性。如何降低胶原蛋白变性，关键是材料加热前最大限度地进行真空脱水，即使残留极微量的水分，加热也会引起蛋白质分子变性。深度脱水可使羧基与自由氨基或羟基间生成酰胺键或酯键。

高能辐射紫外线或 γ 射线可使芳香氨基酸残基形成自由基，使相邻蛋白质分子间发生交联。由于胶原蛋白中芳香氨基酸含量相当低，产生的交联密度不高，很短时间的辐照就可完成全部交联，机械性能会有较大的改进，蛋白质变性很少。

4. 可降解合成高分子材料的交联

合成可降解高分子在组织工程中具有广泛的应用前景。常用的支架制备技术包括纤维黏结、熔融模塑、相分离技术、乳液冷冻干燥技术、快速成型技术等，各种技术均有其自身的特点和局限。

1）纤维及微球黏结法

利用热处理或溶液黏结无纺纤维网状物形成三维多孔支架。如将聚乙醇酸（PGA）无纺纤维网浸泡在不溶解 PGA 的聚乳酸（PLLA）溶液中，再让溶剂挥发。待溶剂完全挥发后，加热网状物到 PGA 熔点，这时 PGA 与 PLLA 互相在接触区域黏结。最后用二氯甲烷将 PLLA 除去，即获得多孔的支架。这种细胞支架的孔隙率达 81%，孔径达到 500 μm，孔隙间连通性好，但机械强度低、孔隙形态难控制。

2）超临界流体技术

超临界流体技术主要用于制备泡沫塑料和高气孔率的高分子材料，适用于非晶相聚合物。该方法是利用气体，在高压下使聚合物颗粒增塑，气体的扩散溶入使高分子材料的黏度降低，在压力降低时气体气化产生多孔结构，工作温度 30~40 ℃。可采用该法在高分子支架材料中引入对温度敏感的药物和活性蛋白质，如细胞生长因子等。该方法的缺点是支架连通孔比例低，仅存在 10%~30%。

3）冷冻萃取技术

冷冻萃取技术是将高分子材料溶解在溶剂中再进行冷冻，然后将冷冻后的溶液浸泡在不溶解高分子材料的液体中，在高分子材料溶液冰点以下会产生溶剂与非溶剂的置换，将有机溶剂从高分子溶液中萃取出来。在干燥过程中高分子材料不会发生溶解，干燥不需要冷冻，可以在室温下进行。

10.2 复合型生物材料支架的构建

1. 有机/有机复合材料

1）胶原蛋白–多糖复合材料

EDC 和 N–羟基琥珀酰亚胺（N-Hydrxysuccinimide，NHS）交联制备多孔胶原蛋白与多糖复合物材料，可制备具有与软骨组织和基底膜类似结构的胶原蛋白复合支架。

在不同组织中，胶原蛋白有不同的类型，多糖类型和含量也不同。软骨主要成分是Ⅱ型胶原蛋白和多糖，骨组织主要含Ⅰ型胶原蛋白，人们制备了Ⅱ型胶原蛋白与多糖复合支架，又制备了Ⅱ型胶原蛋白与Ⅰ型胶原蛋白复合支架，发现Ⅱ型胶原蛋白含较多的天然交联。因此，制备Ⅱ型胶原蛋白支架需先用胃蛋白酶处理，除去与Ⅱ型胶原蛋白交联的硫酸软骨素，获得纯的Ⅱ型胶原蛋白溶液，再冷冻干燥并用 EDC 交联得到多孔的Ⅱ型胶原蛋白支架。

2）胶原蛋白/壳聚糖复合材料

冷冻干燥胶原蛋白和壳聚糖的混合溶液，用交联剂处理可得到多孔胶原蛋白/壳聚糖复合支架，即将胶原蛋白和壳聚糖分别溶于醋酸溶液中，壳聚糖溶液缓慢滴入胶原蛋白溶液中，再将混合液浇注在合适的容器中，形成的支架冷冻干燥后在醋酸溶液中浸泡，在戊二醛溶液中交联，冷冻干燥得到多孔复合支架。

3）聚酯/胶原蛋白复合材料

胶原蛋白与可降解聚酯复合可制备多孔复合支架。将编织的 PLGA（聚乳酸–羟基乙酸）网浸泡在Ⅰ型胶原蛋白醋酸溶液中，−80 ℃下冷冻，真空下冷冻干燥，然后用戊二醛蒸汽在 37 ℃下处理，甘氨酸溶液封闭未反应的醛基，再经水洗及冷冻干燥，得到 PLGA/胶原蛋白复合支架，如图 10-2 所示。这种支架的特点是：有较好的力学性能，又具有胶原蛋白的细胞相容性，并且胶原蛋白小网能阻止黏附细胞的泄漏。

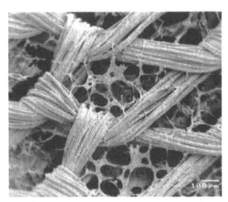

图 10-2　扫描电子显微镜下 PLGA/胶原蛋白复合物支架

2. 无机/有机复合材料

1）溶液共混法

无机粉体材料加入高分子溶液中，再低温冷冻干燥，可制得多孔支架。冷冻温度与速率对支架的孔径大小有显著影响，温度低，则支架的孔径小。采用羟基磷灰石粉体与壳聚糖混合，依次加入醋酸和明胶，在温度 40 ℃，待明胶溶解后，滴加戊二醛交联。−40 ℃迅速冷冻干燥，制得多孔羟基磷灰石/壳聚糖/明胶复合支架。其孔隙率 89%以上，孔径 10～100 μm，孔区域连通性良好。

2）浆料浸泡法

先制得高分子多孔支架，再将多孔支架浸入事先制备的无机粉体浆料中，浸泡一段时间后取出干燥，即可得到复合支架。可使用电泳沉积（EPD）优化制作，粉体浆料在电极的作用下沉积到高分子支架上，得到高质量的均匀复合支架。

3）仿生法

先制得高分子多孔支架，将支架浸泡在生理盐水中一段时间，类骨矿物会沉积在多孔支架表面和孔壁，即形成复合多孔支架。但该法要求高分子存在羟基基团等。

3. 无机/无机复合材料

1）多孔羟基磷灰石/β-磷酸三钙陶瓷支架

羟基磷灰石有较好的生物活性，但降解性较差。β-磷酸三钙降解性好，却无生物活性。将煅烧制备的脱钙骨在磷酸氢氨溶液中浸泡、干燥，样品经热处理使脱钙骨羟基磷灰石转化成 β-磷酸三钙。控制磷酸氢氨溶液的浓度并煅烧，可得到羟基磷灰石/β-磷酸三钙两相陶瓷。

2）生物活性玻璃/羟基磷灰石复合支架

以聚乙二醇为造孔剂，热处理制得多孔生物活性玻璃支架。将支架浸泡在生理盐水中，在生物活性玻璃的孔壁表面生成磷酸钙层，这层磷酸钙层有助于成骨细胞的黏附、增殖。在体外也能形成骨组织。

第 11 章
组织工程化组织构建

11.1 皮肤组织构建

皮肤是人体最大的器官。大面积皮肤损伤的主要原因是烧伤或烫伤。1952 年的统计数据显示，患者体表总面积的 60%以上皮肤损伤时，患者死亡率几乎为 100%，2003 年降到 41.4%。死亡率大幅度降低的原因是人们长期不懈的努力，提高了治疗技术。目前治疗大面积皮肤损伤的方法是采用自体游离皮片移植及组织工程皮肤移植。

组织工程皮肤可挽救患者的生命，这种人工皮肤相容性较高，优势明显，更适合普通患者。以较低的价格进行皮肤组织构建，能培养出较大面积的全层皮肤，同时具有较好的生物相容性，满足患者的需求（图 11-1）。

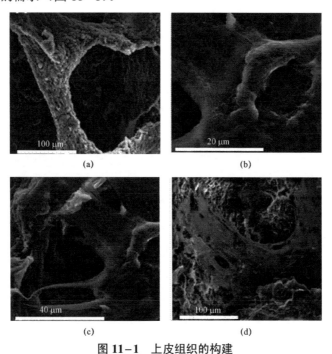

图 11-1　上皮组织的构建
（a）培养时间 6 h；（b）培养时间 36 h；（c）培养时间 36 h；（d）培养时间 72 h

首先是培养基的选择制备，这是构建组织工程皮肤的关键。如使用优化的 Green 培养液、DMEM 培养基和 Ham's F12 营养液按体积组成混合液，并加入以下组分：EGF，氢化可的松，腺嘌呤，胰岛素，转铁蛋白，谷氨酰胺，碘甲状腺原氨酸，FBS 以及抗生素等。

培养材料取自自身组织,如手臂或大腿皮肤等。无菌条件下,取皮肤组织,置含10%胎牛血清及双抗(100 IU/mL青霉素和100 µg/mL链霉素)的DMEM中,4 ℃保存。

剪切皮肤组织,用含青霉素、链霉素和庆大霉素的磷酸盐缓冲液中清洗。

将清洗后的组织浸泡在含双抗剂(100 U/mL青霉素和100 µg/mL链霉素)和胰蛋白酶消化液的PBS混合液,保持温度4 ℃,放置过夜。

将消化的皮肤组织倾入培养皿中,用镊子将表皮和真皮分离,得到表皮组织和真皮组织。分离的表皮组织经酶消化,得到单细胞悬液,分离到角化细胞培养得到角质形成细胞。

成纤维细胞的培养。真皮组织使用胶原酶消化,分离得到成纤维细胞单细胞悬液,加入含胎牛血清和氢化可的松的DMEM培养液中培养,24~48 h第一次培养液换液,此后每2~3 d更换一次培养液,长至细胞85%~90%汇合后,得到成纤维细胞。细胞备用,或马上冷冻于−150 ℃液氮存储罐中。

成纤维细胞接种在三维灌流式生物反应器的支架内,加入上述的Green培养液和RPMI1640培养液,培养90~110 h,在支架表面加入角质形成细胞进行培养,并形成气液交界面,需定期更换培养液,接着继续培养 21±1 d。三维灌流式生物反应器可实现成纤维细胞和角质形成细胞共同立体培养,能培育出在生物特性和物理机械特性方面等同于人皮肤的全层皮肤组织,符合医疗需求,可用于皮肤的移植。

11.2 骨组织构建

骨组织的构建始于1988年,Maniatopoulous应用骨髓间充质干细胞在体外诱导成骨细胞表型。近年来,骨组织构建发展迅速,组织工程化的骨组织包含成骨细胞、生长因子、可降解生物材料等。

成骨细胞。骨髓间充质干细胞能够在体外的三维材料——聚羟基乙酸(polyglycolic acid,PGA)、珊瑚、脱钙骨上黏附生长,并维持成骨细胞的成骨性能,最终在体内再生骨组织。

种子细胞与支架是最为关键的材料。实验证明骨髓间充质干细胞(BMSC)能够作为多种骨组织构建的前体细胞,形成大多数骨和软骨组织,所以,它可以作为构建骨组织的种子细胞。支架材料可选用珊瑚,其主要成分是$CaCO_3$,能很快降解,BMSC大量增殖、钙化,新生骨能够在骨缺损处很好地修复重建,支架材料最终被降解吸收。

在骨缺损模型动物上,先形成骨缺损,珊瑚加工成与缺损契合的支架,在支架材料上接种BMSC并培养,在骨缺损处手术放置珊瑚−细胞复合物。经过一段时间的恢复,X线片观察,骨缺损处两断端平整,对位良好。术后8个月再拍X线片观察,骨缺损处已由新生骨桥接,骨髓腔已接通,股骨长度与健康的一侧相等且一致。

11.3 肌腱组织构建

肌腱由细胞外基质和少量的肌腱细胞组成,肌腱细胞分泌的胶原纤维是胶原纤维的基本单位,肌腱的断裂是临床常见的疾病,曹谊林等采用组织工程学方法在裸鼠皮下成功构建与正常肌腱相似的组织。

种子细胞和支架材料是构建肌腱组织的关键。种子细胞采用猪后肢的趾浅屈肌腱细胞,细胞支架为非编织的 PGA。细胞用微量移液器均匀地加入 PGA 表面，孵育细胞，使细胞充分黏附在 PGA 表面，然后进行动物实验。

切开猪后肢皮肤，分离出趾浅屈肌腱，切去 3 cm，形成肌腱缺损模型。将 3 cm 长的肌腱细胞–PGA 复合物置入肌腱缺损区，两端分别与缺损肌腱断端缝合，修复 6 周后，在原肌腱缺损处可见有新组织形成，且胶原纤维与肌腱组织应力平行。

11.4 腮腺组织构建

利用小型猪腮腺细胞，在体外生物支架材料上构建人工腮腺组织。

1. 小型猪腮腺细胞的处理

在小型猪耳朵后部注射氯化酮亚胺（6 mg/kg）和甲苯噻嗪的混合物，使猪麻醉。无菌条件下，切下腮腺组织，并在 Hanks 液中清洗，保持在 4 ℃，仔细除去可见的粘连组织和血管，使用眼科剪切碎组织，不断剪切至这些组织足够小，用胶原酶Ⅱ、Ⅳ消化，在 37 ℃的水浴中孵育 2 h，在孵育结束时，这些糜状物被倾倒进 100 目的不锈钢网中，Hanks 液冲洗，过滤液被收集起来，放在两个 50 mL 的离心管中，1 000 r/min 离心 5 min，上清液倾出后，细胞被重新悬浮在培养基中（Ham's F12，Gibco-BRL，Carls-bad，USA）使用血球计数板计数，然后用培养液稀释它们到需要的细胞密度。

2. 在合成纤维膜表面培养细胞

在合成纤维膜表面培养细胞，纤维膜预先切割成 96 孔板中孔底部大小的片状，将纤维膜放在孔中，用少量的培养液湿润使之贴在孔底部，膜被浸透并且沉到孔底部，细胞数大约在 10^3 个，和培养基一块转移到孔中。培养在管状支架的细胞，细胞悬浮物调整到 2×10^6 细胞/mL，注入管（长度 0.5 cm）内部空腔中，静置 1 h，管状支架和细胞被转移到 24 孔板中，并有合适量的培养基，所有的培养物都孵育在 37 ℃、5% 的 CO_2 气压的培养箱中，用显微镜每天监测这些培养物（图 11–2、图 11–3）。

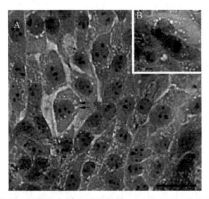

图 11–2 照片显示培养的腮腺细胞包含分泌颗粒（A）和细胞分裂三期的腮腺细胞（B）。
小型猪的腮腺细胞被收集并培养在 PEGT/PBT（聚对苯二甲酸乙二醇酯–1,4–环正烷二醇酯/聚对苯二甲酸丁二醇酯）膜上，这个膜含有凝胶。这是培养 7 d 的照片。
图中 sg 为分泌颗粒。棒长度 20 μm。

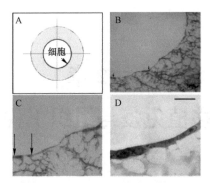

图 11-3　在 PEGT/PBT 管中培养的细胞。这个管状物含有凝胶（A），在 PEGT/PBT 管的纵切面上，管的内侧有细胞生长（B），在管的内表面有连续的单层腮腺细胞生长（C），箭头所示处放大（D），棒长度 20 μm。

3. 构建人工腮腺组织培养结果

这个研究展示了小型猪腮腺细胞培养在 96 孔板底部的支架上和 3D 环境下的生理特征，合成纤维膜材料的表面能更好地支持细胞的生长和细胞外形的稳定，且细胞外形接近天然的上皮细胞，并能分泌腮腺组织酶，成功构建人工腮腺组织。

11.5　3D 打印心脏

以色列特拉维夫大学材料科学与工程系的 T. Dvir 教授宣布，他们以病人自身组织为原材料，3D 打印出拥有细胞、血管、心室和心房的"完整"心脏*。

心脏病是导致患者死亡的主要疾病之一，心脏移植是终末期心力衰竭患者的唯一选择，但心脏来源严重短缺。Dvir 教授说："这颗心脏由患者的细胞和特异性生物材料制造。在我们的工艺中，这些材料由糖和蛋白质组成，可用于复杂组织模型的 3D 打印。过去人们已经设法对心脏结构进行三维打印，但不能包含细胞或血管。我们的研究结果证明了在未来设计个性化组织和器官的方法的潜力。"

现阶段，科学家们打印的 3D 心脏还很小，相当于兔子心脏的大小（图 11-4）。更大的人类心脏使用同样的技术可以完成。从患者身体中取出脂肪组织，分离组织的细胞，重新编程这些细胞成为多能干细胞。细胞外基质被加工成个性化的水凝胶，成为印刷的"墨水"。多能干细胞与水凝胶混合后，细胞可分化成心脏或内皮细胞，并产生整个心脏，由于使用患者的细胞，没有植入物排斥的风险，且生物材料具有与患者自身组织相同的生化、机械等特征。

在实验室培养 3D 打印心脏，并加以训练，使它们像真正的心脏。在动物模型中移植 3D 打印的心脏，使它们能像天然心脏一样工作。也许以后，世界上最好的医院都有"器官打印机"运行。

图 11-4　实验室打印的 3D 心脏

第12章
移植免疫与组织工程

12.1 免疫基础

免疫是指机体免疫系统能识别自身与异己抗原,并利用免疫应答清除抗原,以维持机体生理平衡。

抗原进入机体后会激发免疫细胞活化、增殖和效应的过程称为免疫应答,分为天然免疫(innate immunity)应答和获得性免疫(adaptive immunity)应答。免疫应答包括移植物排斥的主要生物学现象。

天然免疫是在系统发育和进化中形成的免疫防御功能,包括:皮肤、黏膜的机械屏障作用以及局部细胞分泌杀菌物质,巨噬细胞的吞噬作用,自然杀伤细胞对感染病毒的杀伤作用,以及体液中的抗菌分子,如补体系统(complement system)。天然免疫是早期抗感染防御功能的基础,其特点为先天获得、具有非抗原特异性、作用范围广及无免疫记忆等。

获得性免疫,或称为特异性免疫,反应细胞主要是 T、B 淋巴细胞。T、B 淋巴细胞被抗原刺激,经活化、增殖并产生效应分子和效应细胞,通过抗原识别将病原体击杀。其特点为:后天获得,具有抗原特异性、免疫记忆性和可转移性。

抗体及可溶性分子介导的免疫应答称为体液免疫,由特异性 T 淋巴细胞介导的免疫应答称为细胞免疫,体液免疫和细胞免疫无法分开来。体液免疫和细胞免疫的区别仅在免疫应答产生后的效应机制上。

同一抗原再次免疫时,可引起比初次免疫更强的反应,同时细胞免疫发生的强度也加大。免疫记忆现象产生的基础是抗原特异性免疫细胞的产生。

抗原经加工,成为进入机体的抗原物质。首先抗原被树突状细胞,即抗原被抗原递呈细胞(antigen presenting cell,APC)吞噬,在胞内被降解成可与主要组织相容性复合体结合的肽段。抗原递呈(antigen presentation)指把降解产生的肽段,在胞质内与 MHC 分子结合并转移至细胞膜表面,供 T 淋巴细胞识别。$CD4^+$T 细胞主要识别由 MHC Ⅱ类分子递呈的外源性抗原,$CD8^+$T 细胞主要识别由 MHC Ⅰ类分子递呈的内源性抗原。

T、B 淋巴细胞通过细胞表面的受体识别抗原,即 T 细胞受体(T cell receptor,TCR)、B 细胞受体(B cell receptor,BCR)识别抗原。T 细胞不识别完整的抗原,以 TCR 识别 MHC 分子递呈的抗原肽,在 APC 和 T 细胞间形成"TCR-抗原肽-MHC"三元复合物。B 细胞膜表面的 BCR 识别完整的抗原分子。一个 T 细胞或 B 细胞只表达一种 TCR 或 BCR,T 细胞和 B 细胞只能识别一种特异性抗原。

T 细胞识别抗原被激活需要双重刺激信号。第一信号为:TCR 识别由 MHC 分子呈递的抗原肽，通过 TCR/CD3 复合体传递抗原特异性识别信号。第二信号为：T 细胞表面辅助分子，即 CD28 通过识别 APC 细胞膜表面相应的 B7 分子，传递非特异性协同刺激信号。接受双重信号刺激后 T 细胞才能被激活。

活化的 CD8$^+$T 细胞（cytotoxicity T lymphocyte，CTL）可直接杀伤表达特异抗原的靶细胞，如病毒感染的靶细胞或肿瘤细胞。活化的 B 细胞分化为浆细胞（plasma cells），分泌特异性的抗体，执行一系列效应功能（图 12-1）。

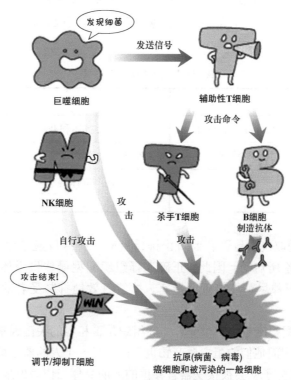

图 12-1 免疫细胞的种类和作用

12.2 移 植 免 疫

在医学上，移植指应用自体或异体甚至异种的细胞、组织或器官，置换病变或功能缺损的细胞、组织或器官，维持或重建机体的生理功能，分别称为细胞移植、组织移植和器官移植。提供移植物的个体称作供者，接受移植物的个体称为受者（recipient）。移植物抗原会刺激受者的免疫系统，激发机体的细胞免疫和体液免疫，包括特异性免疫和非特异性免疫，而受者组织抗原同样也可刺激移植物中携带的免疫活性细胞，诱发免疫应答，即移植排斥反应。

引起移植排斥反应的抗原称为移植抗原，又称组织相容性抗原。引起强烈排斥反应者称为主要组织相容性抗原（major histocompatibility antigen，MHC 抗原），引起较弱排斥反应者则称为次要组织相容性抗原（minor histocompatibility antigen，mH 抗原），它们分别由不同的基因编码。

与排斥反应有关的抗原还有 ABO 血型抗原，ABO 血型抗原位于红细胞和血管内皮细胞，为同种异体抗原。血管内皮细胞的 ABO 抗原在移植排斥反应中起主要作用。血型不合，受体的血型抗体与移植物血管内皮细胞的血型抗原结合，会激活补体，引发血管内凝血，导致超急排斥反应。组织特异性抗原表达在特定的器官、组织和细胞表面，与 HLA 抗原和 ABO 血型抗原相互独立。种属特异糖蛋白抗原与血型抗原相似，也表达在血管内皮细胞上，它们有种属差异，为异种抗原。这类糖蛋白能引起超急排斥反应，是异种移植的最大障碍。

排斥反应的类型是根据病理学和排斥反应的速度而不是其机制确定的。例如临床肾移植中各类排斥反应的病理变化，排斥反应可分为超急性排斥反应、急性排斥反应和慢性排斥反应三种主要类型。如表 12-1 所示。

表 12-1 排斥反应的速度

排斥类型	发生时间	原因
超急排斥	数分钟～数小时	预存抗供者抗体和补体的作用
急性排斥	数天～数周	T 细胞的初次激活
慢性排斥	数月～数年	不明原因：抗体、免疫复合物、慢性细胞性反应、疾病复发

器官移植能否成功取决于是否有效防止排斥反应，排斥反应是由 T 细胞识别移植抗原引起的一系列免疫应答所启动。因此，正确选择组织配型最佳供受体，也就是找到和器官接受者的 MHC 基因变种尽可能接近的器官，才能有效地抑制受者的免疫应答，诱导移植耐受。

HLA 等位基因匹配程度是决定供受者之间组织是否相容的关键因素。由于每个人具有的 MHC 基因类型不同，因而他们的蛋白质产物也不同，当一个人的器官被移植到另一个人的身体里，器官上的 MHC 分子就会被接受器官移植的人的身体当作"外来物质"，从而对具有这些 MHC 的细胞展开攻击。MHC 基因的变种越是不匹配，排斥就越强烈。但由于 MHC 基因组合的方式太多，找到完全"配型"器官的概率几乎为零，除非是同卵双胞胎。因此只能使用部分"配型"的器官，而且还要用免疫抑制药物来减轻免疫反应。

免疫抑制药物可广泛地去除机体免疫反应，以及不利于移植受体的抗感染和相应的毒副作用，但同时也带来不良反应。只有合理使用免疫抑制药物，才能移植成功。

环孢素（cyclasporin A）、类固醇化合物和硫唑嘌呤是目前临床常用的三种主要免疫抑制剂。环孢素、FK506 和雷帕霉素（rapamycin）是具有强免疫抑制活性的大环内酯化合物。环孢素和 FK506 干扰淋巴因子基因的激活，降低淋巴细胞 IL-2 受体的表达。雷帕霉素干扰 Th 细胞 IL-2 受体的胞内信号转导，阻止 IL-2 依赖的淋巴细胞的激活。

淋巴细胞表面分子，特别是 CD3、CD4、CD8 和 IL-2 受体的单抗在免疫抑制中有重要作用，其可与相应膜表面分子结合，借助补体依赖细胞毒作用，清除或阻断免疫排斥功能。细胞毒性药物与抗体偶联可增强抗排斥效果。生物制剂免疫抑制方法如表 12-2 所示。

表 12-2　生物制剂免疫抑制方式

抗性分子	制剂	靶目标
异种抗血清和抗体	抗淋巴细胞血清（ALS）	所有淋巴细胞、选择性 T 细胞和胸腺细胞
	抗胸腺球蛋白（ATG）	
单克隆抗体	抗 CD3、抗 CD4	成熟、活化 T 细胞
	抗 CD25（IL-2 受体）等	
抗体-毒素耦联物	与蓖麻毒素 A 耦联的抗 CD25 单抗	活化的 CD25 阳性 T 细胞
细胞因子-毒素耦联物	IL-2 耦联的白喉毒素	表达 IL-2 受体的活化 T 细胞
CTLA-4	CTLA-4/Ig 融合蛋白	阻断 T 细胞活化
补体灭活分子	DAF/MCP 等	补体经典与替代途径介导的损伤

某些中草药如雷公藤、冬虫夏草等具有明显的免疫调节和免疫抑制功能，亦可用于器官移植后排斥反应的治疗。

组织工程产品作为一种移植物，同样会受到宿主免疫系统的排斥，可以通过控制构建减少免疫排斥。在移植成功后，利用各种药物、生物制品和中草药降低免疫排斥作用。

第 13 章
构建组织的生物力学

13.1 生物力学基础

生物力学是研究生物的力学问题，是力学与生物科学相结合的交叉学科，它建立在牛顿力学的基础上，采用国际单位制，长度、时间和质量分别为米（m）、秒（s）、公斤（kg）。

生物力学假定任何生物体是由充满特定空间区域的质点构成。而每个质点的性质是一样的。这相当于认为生物组织是一种连续介质，也就可以用处理时间和空间的连续函数来处理，这是一种近似处理的方法，实际上生物组织并不连续。

应力即一部分生物组织作用于另一部分生物组织的内力强度或密集程度。数学表达式 $\sigma=P/A$，式中，σ 为应力，A 为面积，P 为内力。

生物组织受力后，形状和尺寸的改变称为变形，变形后生物组织上的各个点线面的空间位置改变量称为位移，位移分两种，即角位移和线位移。线位移就是生物组织的某一点在受力前后的连线，旋转的角度称为角位移。

应变是受力组织沿某个方向的变形程度，分为线应变和角应变。

线应变

$$\varepsilon=(L-L_0)/L_0$$

式中，ε 为应变；L 为变形后的长度；L_0 为原长度。

角应变

$$\gamma=(\psi-\psi_0)/\psi$$

式中，γ 为角应变；ψ 为变形后的角度；ψ_0 为原角度。

弹性模量，即当生物组织内应力未超过比例极限时，在横截面上，正应力与轴向线应变成正比，常数 E 为材料的拉压弹性模量，可用胡克定律度量，数学表达式 $\sigma=E\varepsilon$。

生物软组织包括肌肉、血管、皮肤、肌腱和各种内脏等，一般软组织柔软易变形，有不同的抗拉强度，但不抗弯和抗压。生物组织材料具有如下主要特点。

（1）非线性。生物软组织的应力–应变关系不服从胡克定律。例如兔肌腱在单向抗伸载荷下的载荷–变形规律包含三个部分，如图 13-1 所示。

（2）黏弹性。物体变形时力做的功有一部分消耗在介质之中，介质的此特性称为黏弹性。黏弹性具有

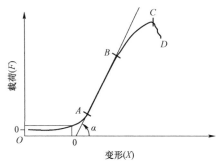

图 13-1 兔肌腱在单向抗伸载荷下的载荷–变形（图出自文献 [4]）

在应力-应变曲线上滞后、应力松弛和蠕变三个特点。

（3）各向异性和非均质性。软组织的力学性质，每点的各个方向不同，各个不同点亦不同。此外，生物组织材料还与加载试验时预调，零应力状态，松弛和蠕变有关。

13.2 皮肤生物力学性质

皮肤力学是用力学的方法研究皮肤的性质，皮肤一般由表皮和真皮重叠组成，表皮主要起屏障作用，对皮肤抵抗拉伸不起作用。下面的真皮主要成分是基质与胶原纤维。胶原纤维占整个皮肤干重的 60%～80%，这个比例在人的一生中会不断改变，不同的个体也因年龄、性别和身体部位不同而不同，胶原纤维是皮肤的主要力学元素，其强度较大，拉伸强度为 15～35 MPa，刚度也大。杨氏模量 1 GPa，可逆伸长在 2%～4% 范围内。

1. 皮肤离体力学实验

Tong 和冯元桢做了兔腹部皮肤伸长率的力学实验，获得了力-伸长率曲线，如图 13-2 所示，兔皮肤为各向异性材料，人皮肤实验获得类似的结果。

2. 皮肤在体力学实验

皮肤离体时，血液及皮下组织对皮肤的影响无

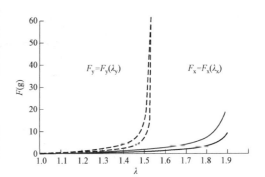

图 13-2　兔腹部皮肤力-伸长率曲线（图出自文献 [4]）

法考虑，所获结果无法再现体内的真实情况。因此，人们把注意力集中到在体实验研究上。

Manschot 和 Brakkee 等在人体皮肤上进行了在体单轴拉伸实验，用胶黏剂把两个 10 mm×10 mm 正方形加载块粘贴在人腿部，加载块间距 5 mm，一个固定在仪器支架上，一个与可沿平行于皮肤表面的圆筒形自由移动的磁铁相连。可控电流产生的电磁力将两加载块分离，该力在 12 mm 范围内与加载块位置无关。加载块位移由传感器测量。

实验采用若干个 12 N 的锯齿波加载，时间 10 s，加载间隔 20 s，图 13-3 中，a：纯弹性变形；b：黏弹性变形；c：永久变形。

3. 人体皮肤弹性测量

人体皮肤弹性采用压痕计测量。图 13-4 为压痕曲线记录，凹痕 10 s，撤离再记录 10 s，撤去砝码后 6 s 的回弹量。

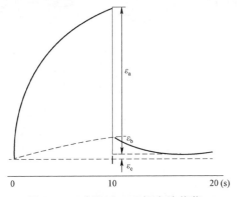

图 13-3　皮肤对 10 s 锯齿波载荷反应（图出自文献 [4]）

图 13-4　压痕曲线记录（图出自文献 [4]）

13.3 骨生物力学性质

骨的力学性质与普通的工程材料相似，可仿照工程材料的研究方法研究其力学性质，在普通的材料试验机上对骨进行拉伸、弯曲、压缩、剪切、扭转等测试。

图 13-5 为人股骨单轴拉伸的实验结果。

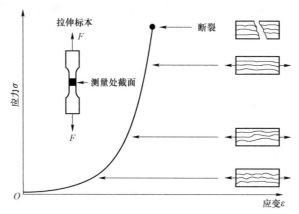

图 13-5　软骨拉伸应力应变曲线（图出自文献 [4]）

骨结构具有非均匀性，这对发挥它的生理功能是必需的，这导致它的力学性能具有自身的特点，即受压时的强度和极限应变比拉伸时要大，同时在受拉伸时的弹性模量大于收缩时的弹性模量。

第 14 章
细胞工程与组织工程相关技术

14.1 细胞显微技术和分离技术

1. 显微技术

显微技术是研究细胞结构与功能的关键技术，分为光学显微镜技术和电子显微镜技术两大类，光学显微镜技术以可见光或紫外线为光源，电子显微镜技术以电子束为光源。

1）光学显微镜

（1）普通光学显微镜（general optical microscope，GOM）。光学显微镜由三大系统构成，即照明系统、光学放大系统和机械装置。所成的像经物镜形成倒立实像，再经目镜放大成虚像。光学显微镜设置简单、操作方便，是最常采用的显微技术。图 14-1 为普通光学显微镜的光路系统。

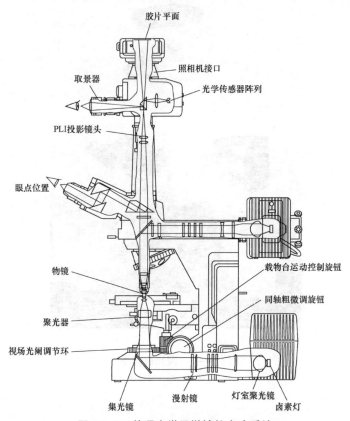

图 14-1　普通光学显微镜的光路系统

显微镜的一个关键技术指标是分辨力,分辨力是分辨两个物体最小间隔的能力。光学显微镜的分辨力 $R=0.61\lambda/N.A.$。其中 λ 为入射光波长,N.A.为镜口率,即 $n\sin\alpha/2$,n 为介质折射率,α 为样品对物镜镜口的张角(镜口角)。

光学显微镜的介质,其折射率越接近镜头玻璃(1.7)越好。$\sin\alpha/2$ 的小于 1,油镜介质为香柏油,镜口率值大约 1.5。普通光线波长 400~700 nm,光学显微镜分辨力约为 0.2 μm,人眼的分辨力为 0.2 mm,据此估计显微镜的最大有效放大倍数约为 1 000 倍。

几种介质的折射率见表 14-1。

表 14-1 几种介质的折射率

介质	空气	水	香柏油	α 溴萘
折射率	1	1.33	1.515	1.66

(2)荧光显微镜(fluorescence microscope,FM)。荧光显微镜的光源为短波长的光,能量较高。存在两个特殊的滤光片(图 14-2),光源与观察者呈 90°夹角。可进行免疫荧光观察,基因定位和疾病的诊断等。

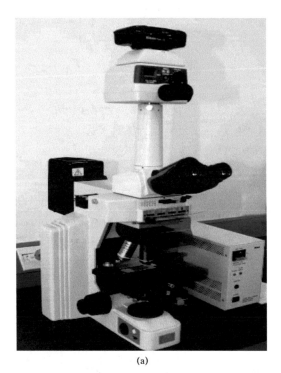

(a)

图 14-2 荧光显微镜
(a)荧光显微镜实物图

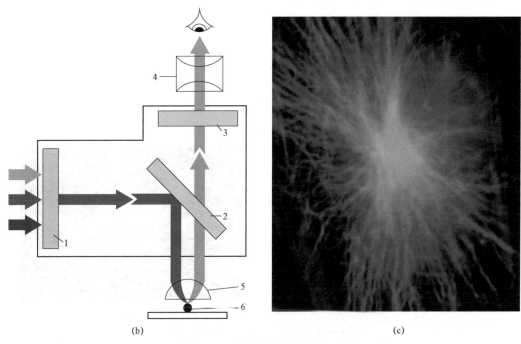

图 14-2 荧光显微镜（续）

（b）荧光显微镜光路图；（c）荧光图像，DNA 是蓝色的，微管是绿色的

1—第一道屏障滤光片：只允许波长在 450~490 nm 之间的蓝光通过；2—分束镜：反射透射 510 nm 以上的光；3—第二道屏障滤光片：切断通过 520~560 nm 之间特定绿色荧光发射的不需要的荧光信号；4—目镜；5—物镜；6—物体

（3）激光共聚焦扫描显微镜（laser confocal scanning microscope，LCSM）。其采用激光做光源，依次逐点、逐行、逐面快速扫描，能显示细胞的立体结构，分辨力比普通光学显微镜高 3 倍；能扫描不同层次的结构，形成立体的图像，如图 14-3 所示。

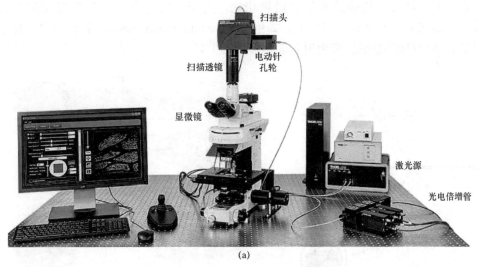

图 14-3 激光共聚焦扫描显微镜

（a）激光共聚焦扫描显微镜

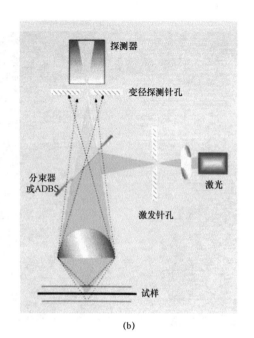
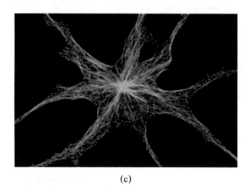

图 14-3 激光共聚焦扫描显微镜（续）

(b) 激光共聚焦扫描显微镜光路图；(c) 爪蟾黑色素细胞的 LCSM 图像，细胞核是蓝色的，微管是绿色的

(4) 暗视野显微镜（dark field microscope，DFM，图 14-4）。暗视野显微镜是在普通光学显微镜聚光镜中央放置挡光片，使照明光线无法直接进入物镜，只有被标本反射和衍射的光线进入物镜，导致视野背景是黑的，物体边缘是亮的。其可观察 4~200 nm 的微粒，分辨率比普通光学显微镜高 50 倍。

(5) 相差显微镜（phase contrast microscope，PCM，图 14-5）。相差显微镜是把透过样品可见光的光程差转变成振幅差，提高了各种材料结构间的对比度，结果使材料各种结构变得清晰可见。相差显微镜与普通光学显微镜相比，有两个特殊之处：①环形光阑（annular diaphragm），放置在光源和聚光器之间。②相位板（annular phaseplate），在物镜中加有涂氟化镁的相位板，可直接将直射光或衍射光的相位推迟 $1/4\lambda$。

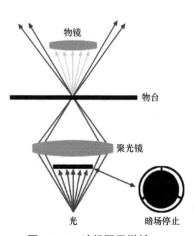
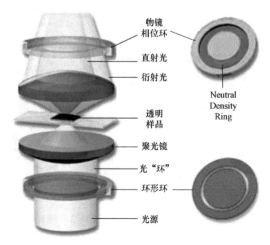

图 14-4 暗视野显微镜　　　　图 14-5 相差显微镜光路

(6)偏光显微镜（polarizing microscope，PM）。偏光显微镜主要用于检测具有双折射性质的物质，如纤维丝、胶原、纺锤体和染色体等。光源前放置有起偏器作用的偏振片，把进入显微镜的光线调制为偏振光，镜筒中放置检偏器，它是与起偏器方向垂直的偏振片。显微镜的载物台可以旋转。偏光显微镜双折射性质如图 14-6 所示。

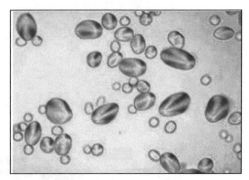

图 14-6　偏光显微镜双折射性质

(7)微分干涉差显微镜（differential interference contrast microscope，DICM）。1952 年，Nomarski 发明了微分干涉差显微镜，他利用两组平面偏振光的干涉加强了影像的明暗效果，能显示样本结构的三维立体图像。若标本略厚一点，折射率差别更大，影像的立体感更强，如图 14-7 所示。

(8)倒置显微镜（inverse microscope，IM，图 14-8）。倒置显微镜与一般显微镜比较，物镜与照明系统颠倒，可用于观察培养的活细胞。其通常有 PCM 或 DICM 物镜，有的还有荧光装置。

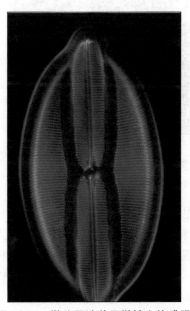

图 14-7　微分干涉差显微镜立体感强

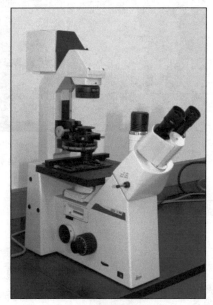

图 14-8　倒置显微镜

(9)单分子光学显微镜。单分子光学显微镜是利用样品中分子荧光拍摄许多照片，然后在计算机中重构，最终得到纳米级分辨率的显微镜照片，如图 14-9 所示。

显微镜是生物科学研究的关键装备，一直受到相当的重视。当代显微镜的发展显示出整合的趋势，常采用组合的方式，把普通光学显微镜、相差显微镜、荧光显微镜、暗视野显微镜、微分干涉差显微镜和摄影装置组合成一体化的设备，并具备自动化与电子化的装置，如图 14-10 所示。

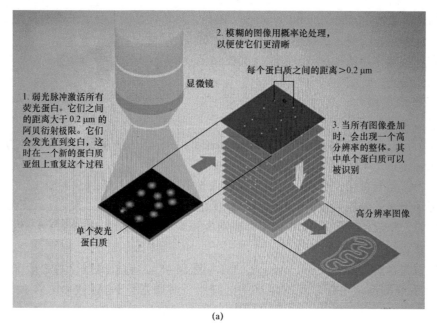

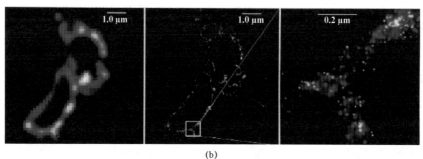

图 14-9 单分子光学显微镜

(a) 原理图;(b) 显微镜照片

图 14-10 显微镜的集成趋势

2）电子显微镜

电子显微镜是基于量子力学原理，以电子束做光源，电磁场做透镜，由于电子束波长与加速电压（通常 50~120 kV）的平方根成反比，所以波长可以调制得很短，分辨率大大提高（表 14-2）。电子显微镜一般由电子照明系统、电磁透镜成像系统、真空系统、记录系统和电源系统 5 部分构成。分辨力可达 0.2 nm，放大倍数百万倍。其常用于观察细胞小于 0.2 μm 的超微结构。

（1）透射电子显微镜（transmission electron microscope，TEM，图 14-11）。

表 14-2　不同光线的波长

名称	可见光	紫外光	X 射线	α 射线	电子束	
					0.1 kV	10 kV
波长/nm	390~760	13~390	0.05~13	0.005~1	0.123	0.012 2

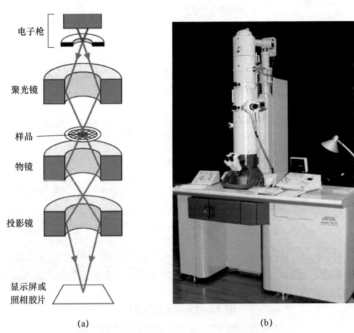

图 14-11　透射电子显微镜
(a) 透射电子显微镜光路图；(b) 透射电子显微镜

电子显微镜样品制备技术。

①超薄切片。电镜观察的标本需要制备为厚度 50 nm 的超薄切片。一般使用超薄切片机（ultramicrotome）制作。用锇酸或戊二醛固定样品，丙酮逐级脱水，环氧树脂包埋，以热膨胀或螺旋推进的方式切片，重金属铀盐或铅盐染色，以提高电子丰度，方便观察。

②负染技术（图 14-12）。先用重金属盐如磷钨酸等染色，吸去多余的染料干燥，在样品凹陷处，铺了一层重金属盐，但凸出的地方无染料沉积，显现负染效果，分辨力约 1.5 nm。

③冰冻蚀刻（freeze-etching，图 14-13）。冰冻蚀刻也称冰冻断裂。在干冰或液氮中冰冻标本，再开裂断面，升温使冰升华，显出断面结构。用蒸汽碳和铂喷涂单层断面，待碳和铂的膜形成后溶掉组织，此即为样本的复膜（replica）。

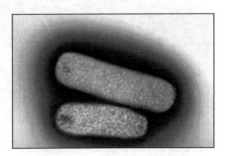

图 14-12　古细菌的负染观察

图 14-14 为培养细胞内面的深度蚀刻电镜照片，显示衣被网格蛋白（clathrin），clathrin 在进化上是高度保守的蛋白质，该蛋白质由分子量 180 kDa 的重链和分子量 35~40 kDa 的轻

链组成二聚体，3 个二聚体形成基本结构单位——三联体骨架（triskelion），被称为三腿蛋白（three-legged protein）。

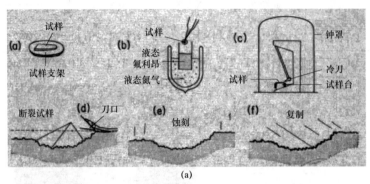

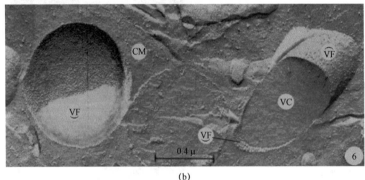

图 14-13 冰冻蚀刻

（a）断面的三种处理方法；（b）不蚀刻的洋葱根尖细胞

（2）扫描电子显微镜（scanning electron microscope，SEM，图 14-15）。扫描电子显微镜是在 20 世纪 60 年代发展起来的，主要观察标本的表面结构。其分辨力约 6～10 nm，人眼的分辨力为 0.2 mm，扫描电镜的放大倍数约为 0.2 mm/10 nm＝20 000 倍。

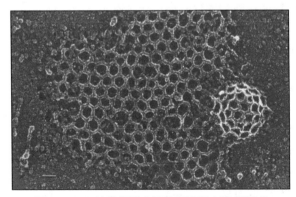

图 14-14 培养细胞内面的深度蚀刻电镜照片

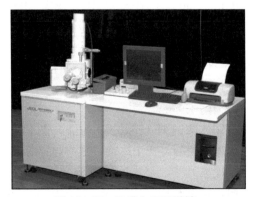

图 14-15 扫描电子显微镜

扫描电子显微镜的工作原理（图 14-16）是用很细的电子束扫描样品，激发样品表面的二次电子，二次电子的数目与样品的表面结构有关。二次电子被探测器收集。该电子信号被放大和调制，在荧光屏上显示与电子束同步的扫描图像。为了使标本表面易于发射二次电子，在固定和脱水后，需要在标本上喷涂一层重金属薄膜。重金属在电子束的轰击下发出丰富的次级电子信号。

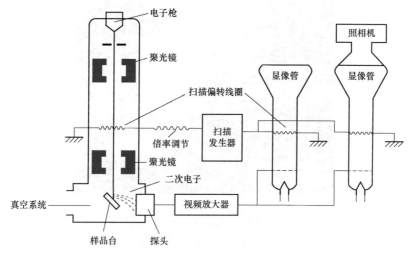

图 14-16　扫描电子显微镜的工作原理

（3）扫描隧道显微镜（scanning tunneling microscope，STM，图 14-17）。扫描隧道显微镜是根据隧道效应原理设计的，用原子尺度大小的针尖在约 1 μm 的高度在样品上扫描时，针尖和样品的原子的电子云发生重叠，当外加 2 mV～2 V 的电压时，针尖与样品间形成电流，即隧道电流，其强度与针尖和样品间的距离呈指数函数关系，这样将扫描电流的变化转换为原子水平的凹凸形貌，横向分辨率 0.1～0.2 nm，纵向分辨率 0.001 nm。扫描隧道显微镜广泛应用于固态、液态和气态物质中的样本观察。

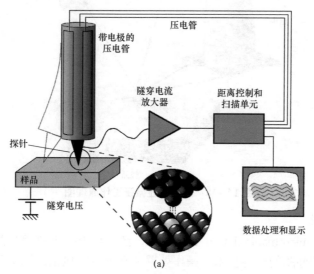

图 14-17　扫描隧道显微镜
（a）扫描隧道显微镜工作原理图

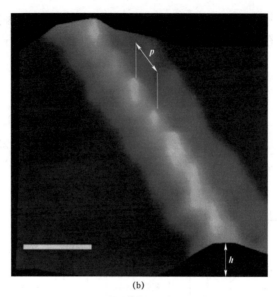

(b)

图 14-17　扫描隧道显微镜（续）
(b) DNA 分子的扫描隧道显微图像

（4）原子力显微镜（atomic force microscope, AFM）。原子力显微镜的基本结构是将探针装在弹性微悬臂梁的一端，另一端固定。在扫描样品表面时，作为一种柔性微悬臂梁，探针与样品表面原子间不一致的排斥力会使微悬臂梁产生微小变形，当一束激光通过微悬臂梁的背面反射到光电探测器，就可以精确测量微悬臂梁的微小变形，通过检测这种微小变形显示出相应样品的表面形貌，如图 14-18 所示。

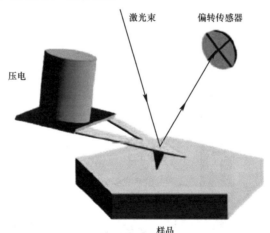

图 14-18　原子力显微镜工作原理图

2. 显微操作技术

显微操作技术（micromanipulation technique，图 14-19）是在倒置显微镜下利用显微操作仪处置细胞或早期胚胎的一种技术。操作处置类别很多，包括细胞核移植、显微注射、胚胎移植、显微切割和嵌合体技术等。该技术已有近 70 年的历史，1952 年，Briggs 和 King 等将蛙胚细胞核注入去核的蛙卵，构建核移植胚。1962 年，Gordon 证明原肠胚的细胞核移植能发育到成体。

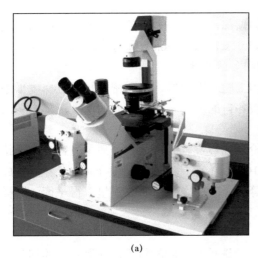 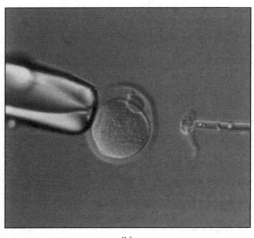

图 14-19 显微操作

（a）显微操作仪；（b）显微操作过程

3. 细胞分离技术

1）离心技术

离心技术（图14-20）是分离细胞器及各种生物大分子的主要方法之一。离心机的转速越高，分离的颗粒越小。转速在 25 000 r/min 左右的离心机称为高速离心机，转速大于 25 000 r/min，离心力超过 89 kg，称为超速离心机。

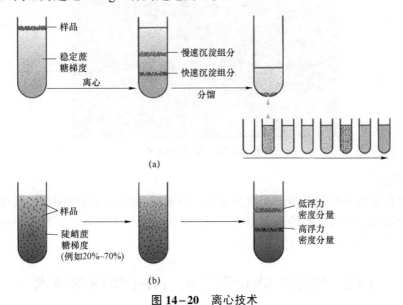

图 14-20 离心技术

（a）稳定蔗糖梯度离心；（b）陡峭蔗糖梯度离心

（1）差速离心（differential centrifugation）。差速离心的介质密度均匀，速度由低到高，离心分步进行。其可分离大小相差悬殊的细胞和细胞器。初步分离物进一步分离，需通过密度梯度离心（density gradient centrifugation）分离纯化。

（2）密度梯度离心。如果把离心管内的介质适当处理，形成连续或不连续的密度梯度，将待分离的混合细胞悬液或细胞匀浆加在介质的顶部，在离心力场的作用下，不同的细胞会分层分离。常见的离心类型有速度沉降（velocity sedimentation）和等密度沉降（isopycnic sedimentation）等。常用的介质有氯化铯、蔗糖和多聚蔗糖等。

速度沉降，用于分离密度相近但大小不等的细胞或细胞器，介质密度较低且梯度平缓，最大密度小于待分离颗粒的最小密度。分离物按各自的沉降系数以不同的速度沉降，从而获得分离。

等密度沉降，用于分离密度不等的颗粒物，介质密度高，梯度大，介质最大密度大于待分离颗粒的最大密度。离心力场比速率沉降要大 10～100 倍。在连续梯度介质中，样品各成分经过一定时间的离心沉降，到达与自身密度相等的介质处，并停留在那里获得平衡，这样就将不同密度的样品分离了。

2）流式细胞术

流式细胞术（图 14-21）是快速定量分析与分选单个细胞的技术。在鞘液中的细胞通过高频振荡控制的喷嘴喷出形成含单个细胞的液滴，这些细胞在激光束的照射下，发出散射光和荧光，被探测器检测到，并转换为电信号送入计算机处理，再输出统计结果，利用这些细胞的性质分选出高纯度的细胞亚群，分离纯度高达 99%。

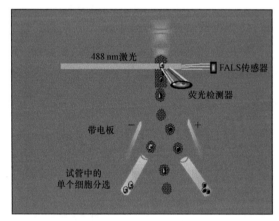

图 14-21　流式细胞术

3）细胞电泳

细胞电泳指细胞表面带有净的正或负电荷，细胞在外加电场的作用下可以移动。不同生理状态下每个细胞或同类细胞的表面电荷不同，在电场中细胞的泳动速度也不同。它被用来检测细胞生理状态或分离不同类型的细胞。

14.2　细胞生物化学技术与分子生物学技术

1. 细胞化学技术

在培养瓶内生长的细胞既有活细胞也有死细胞，仅从形态上区别很困难。细胞群中活细胞所占百分比称为细胞活力，在细胞实验中总要检测细胞的活力，如由组织中分离的细胞、冻存复苏的细胞等，以了解细胞的状况。培养细胞活力测定方法有多种，常用的有台盼蓝法和四唑盐（MTT）比色法。

1) 台盼蓝法

台盼蓝对活细胞不染色,把死细胞染成蓝色。其方法为将细胞悬液 0.5 mL 加入试管中,加入 0.5 mL、0.4%台盼蓝染液,染色 2~3 min,吸取少许悬液涂于载玻片,刮片观察,取镜下任意几个视野,分别计死细胞和活细胞数,计算细胞活力。

2) 四唑盐比色法

四唑盐比色法是基于活细胞中脱氢酶能将四唑盐还原成不溶于水的蓝紫色产物(formazan),并沉积于细胞,而死细胞无此作用。蓝紫色结晶物能被二甲亚砜溶解,溶液颜色的变化与所含的 formazan 量成正比。用酶标仪测定 OD 值即可获得活细胞的数量。

实验操作步骤简便,先把单细胞悬液接种于 96 孔培养板,每孔细胞数为 10^3 个以上,每孔培养基总量 200 μl,37 ℃、5%CO_2 培养箱中孵育,接着每孔加入 2 mg/mL MTT 50 μL,继续培养 3 h,去除孔内培养液,加入 DMSO 液每孔 150 μL,在微孔板振荡器上让培养板振荡 10 min,使结晶物溶解。酶标仪检测各孔 OD 值,检测波长 570 nm。

2. 免疫细胞化学

免疫细胞化学(immunocytochemistry)是利用抗体同特定抗原的专一结合,对抗原定位检测的技术。其常用一些酶做标记物,即酶标免疫法(cnzyme labeled antibody method),如辣根过氧化物酶,免疫金法(immuno-gold technique),ABC(avidin-biotin-complex)法等。亲和素 avidin 称为卵白蛋白,为分子量 68 kD 的糖蛋白,它与生物素 biotin 有高亲和力,这种亲和力超过抗体对大多数抗原亲和力 100 万倍。因此 avidin 和 biotin 的结合可以看作不可逆。avidin 有 4 个结合位点可与 biotin 结合。以 biotin 标记抗体或酶,再通过 avidin 和 biotin 的结合把酶与抗体连接起来,提高检测方法的敏感度。

3. 免疫荧光技术

免疫荧光技术(immuno-fluorescent technique)是把荧光素通过化学反应与抗体或其他蛋白制备成荧光探针,再和被测抗原或配体发生特异性结合,形成的复合物能产生荧光,利用荧光显微镜或流式细胞仪可检测相应的抗原或配体。常见的荧光试剂有 FITC、藻红蛋白(R-phycoerythrin,R-PE)等。

天然磷脂酰丝氨酸(Phosphatidylserine,PS)位于细胞膜的内侧,但细胞凋亡发生的早期,PS 从细胞膜的内侧翻转到细胞膜的表面(图 14-22),暴露于细胞外环境。Annexin-V 是依赖 Ca^{2+} 的磷脂结合蛋白,能与 PS 特异性亲和结合。将 Annexin-V 标记荧光素(FITC、R-PE)或 Biotin,以此为荧光探针,利用流式细胞仪或荧光显微镜可检测细胞是否发生凋亡。

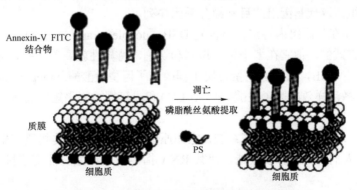

图 14-22 细胞凋亡过程中磷脂酰丝氨酸外翻

4. 放射自显影术

将生物体内的化合物进行放射性同位素标记，一段时间后，制取切片，涂卤化银乳胶，由于放射性曝光,乳胶感光。生物大分子均含有碳、氢原子，一般用 ^{14}C 和 ^3H 标记。常用 ^3H-TDR 标记 DNA，^3H-UDR 标记 RNA，^3H 氨基酸标记蛋白质，^3H 甘露糖、^3H 岩藻糖标记多糖。标记物均为弱放射性同位素，释放的 β 射线，能量低、射程短、电离作用强，半衰期长。

5. 分子杂交技术

在合适的条件下，两条互补核苷酸序列的单链核苷酸分子，通过氢键，形成 DNA-DNA，DNA-RNA 或 RNA-RNA 杂交的双链。这能测定核酸单链分子核苷酸序列间是否具有互补关系。

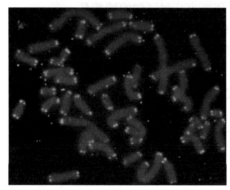

图 14-23 人类染色体端粒 DNA 的荧光原位杂交照片

1）原位杂交（insitu hybridization）

其可用于检测染色体特殊的 DNA 序列，最初用放射性 DNA 探针，后来用免疫探针（图 14-23）。

2）核酸杂交和蛋白质杂交

核酸杂交又称 Southern 杂交，在体外分析特异 DNA 序列，先用限制性内切酶将目标 DNA 切成片段，电泳分离后，转移到醋酸纤维薄膜上，再和探针杂交，通过放射自显影，可辨认与探针互补的 DNA 序列。Northern 杂交与 Southern 杂交相同，只是将 DNA 用 RNA 代换，同样是把 RNA 转移到薄膜上，用探针杂交，测定与探针互补的特殊 RNA 序列。Western 杂交是将待测蛋白质转移到薄膜上，用探针杂交，测定与探针结合的特殊蛋白质。

6. 多聚酶链反应技术

多聚酶链反应技术是获得特异 DNA 序列的非常有用的方法。反应体系中，样品 DNA、引物（primer）、15～20 个核苷酸、4 种 dNTP、Tag DNA 聚合酶（是一种耐热酶，最适作用温度 75～80 ℃，短时间 95 ℃不失活）、缓冲体系和 Mg^{2+}。反应过程，变性，90～95 ℃；复性，约 60 ℃；延伸，70～75 ℃，重复"变性—复性—延伸"过程，循环 20～30 次（图 14-24）。

7. 基因编辑技术

同源重组（homologous recombination）是细胞基因组编辑的早期方法，在 DNA 的两条相似的同源链之间遗传信息的交换重组。分离带有与待编辑基因组部分相似的基因组 DNA 片段，将这些片段注射到细胞中，或者加化学物质使细胞吸收，一旦进入细胞，这些片段便与细胞的 DNA 重组，取代基因组的目标部分基因序列。

基因编辑是要在基因组内特定位点创建 DSB（double strand breaks），一般的限制性内切酶切割 DNA 是有效的，但它在多个位点识别和切割，特异性就要差一些，为解决这个困难，需在特定位点产生 DSB，人们运用蛋白质工程改造了巨型核酸酶（meganuclease），锌指核酸酶（ZFNs），转录激活样效应因子核酸酶（TALEN）和成簇规律间隔短回文重复（CRISPR/Cas9）系统。

CRISPR-Cas 是原核生物的免疫系统，它使原核生物对外来遗传物质产生抗性，是一种获得性免疫系统。人们对此进行了改造，使其 RNA 指导的 Cas 蛋白能切割目标 DNA，实现对特定基因的编辑。

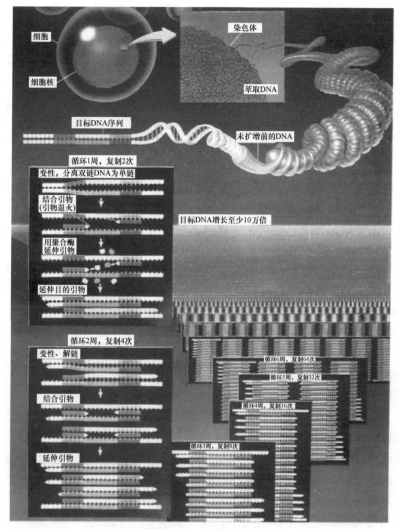

图 14-24　PCR 原理

14.3　构建组织的生物学评价

关于组织工程产品评价的标准还未见有国际组织颁布，但医疗器械的生物学评价标准早就实行，其中关于植入性医疗器械评价涉及组织工程产品。评价的目的是预测人体应用的潜在危害性，提高安全性，降低应用风险。

评价方法有：对已有相关资料分析，体外试验初筛，体内动物试验，临床前研究与临床经验。其中生物学评价尤为重要。生物学评价试验中，有细胞毒性、致敏性、刺激性、热原性、全身毒性、遗传毒性、生物降解性、溶血、致癌性、免疫毒性等。

1. 生物学评价基本原则

国际标准 ISO 10993-1 是由 ISO/TC194 国际标准化组织医疗器械生物学评价技术委员会制定的。其中 ISO 10993 的总题目是医疗器械生物学评价，由 12 个部分组成，分别是实验选择指南，动物福利要求，遗传毒性致癌性，生殖毒性试验，与血液相互作用试验选择，细胞毒性试验体外法，植入后局部反应试验，环氧乙烷灭菌量，临床应用，与生物实验有关的材料降解、刺激与致敏试验，全身毒性试验，样品制备与标准样品。

生物材料生物学评价标准有：1982年美国国家标准协会和牙科协会公布的评价生物学相容性试验标准草案，国际标准化组织于1997年以10993编号发布的17条相关标准，我国医疗器械生物学评价标准化技术委员会将 ISO 10993 系列标准转为中国国家标准——医疗器械生物学标准。

ISO生物学评价标准特点是：明确了医疗装置的分类，将接触部分分为表面接触、体外与体内接触、体内植入三大类；在接触时间上分为短期接触、中期接触、长期接触；将生物学评价分为基本评价试验和补充评价试验两大类；将亚慢性、亚恶性毒性试验列入基本评价试验项目中，取消了热原试验项目；在补充评价试验中增加了生殖与发育毒性和生物降解试验两个项目。

我国生物学评价标准与国际标准不同，将热原试验列为基本评价的生物学评价试验，将溶血试验列为一项生物学评价试验，将亚急性（亚慢性）毒性试验列为补充评价试验。

2. 生物相容性评价内容与选择

其测试内容有 ISO 10993 系列——GB/T 16886 系列"医疗器械生物学评价"，共 8 项基本评价试验，4~6 项补充评价试验。生物相容性评价内容包括以下方面。

（1）溶血试验评价。

（2）细胞毒性试验评价。

（3）急性全身毒性评价。

（4）过敏试验评价。

（5）刺激试验评价。

（6）植入试验评价。

（7）热原试验评价。

（8）血液相容性试验评价。

（9）皮内反应试验。

（10）生物降解试验。

（11）遗传毒性试验评价。

（12）致癌性试验评价。

（13）生殖和发育毒性试验。

（14）亚急性毒性试验。

（15）慢性毒性试验。

（16）药物动力学试验评价。

生物相容性评价时需要考虑原材料的特性。如助剂，工艺污染和残留，可沥滤物质，降解产物，成分间的相互作用。终产品的物理特性，如多孔性、颗粒大小、形态、表面状态等。终产品的微生物特性和灭菌性能等。风险评定和分析，系统运用可得资料，判定危害并估计风险。风险评价，在风险分析基础上，根据现行社会价值观，对风险是否达到可接受的水平做出判断。

3. 生物材料评价

生物材料评价包括与已上市产品比较，查阅同类已上市产品的生物学评价文献，如果其产品的材料、加工工艺、与人体接触部位和灭菌方法都相同的话，只要写出生物学评价报告即可，不必进行生物学试验。如果不同，就要进行生物学评价试验。

根据材料分类，按要求选择试验项目，进行生物学试验。上市后重新评价。

考虑材料与组织之间的相互作用时，不能脱离材料的总体设计。一个好的生物材料必须具备有效性和安全性。一般是在材料满足有效性后，再去评价安全性。考虑灭菌可能对材料的作用。

为减少动物使用量和节约时间，一般先进行体外实验，后进行动物实验。体外实验先进行溶血试验和细胞毒性试验。生物学实验必须在专业实验室，并由专业人员进行。

在生物材料的评价中，一般来说，材料不等于器械，评价不等于试验，危害不等于风险。

参 考 文 献

[1] LANGER R.VACANTI J P. Tissue engineering [J]. Science, 1993, 260 (5): 920-926.
[2] 兰扎. 组织工程原理 [M]. 杨志明, 等译. 北京: 化学工业出版社, 2006.
[3] 曹谊林. 组织工程学 [M]. 北京: 科学出版社, 2008.
[4] 曹谊林. 组织工程学理论与实践 [M]. 上海: 上海科学技术出版社, 2004.
[5] 安利国. 细胞工程 [M]. 北京: 科学出版社, 2005.
[6] QUARTO R, MASTROGIACOMO M, CANCEDDA R, et al. Repair of large bone defects with the use of autologous bone marrow stromal cells [J]. New England journal of medi. cine, 2001, 344 (5): 385-386.
[7] VACANTI C A, BONASSAR L J, VACANTI M P, et al. Replacement of an avulsed phalanx with tissue-engineered bone [J]. New England journal of medi. cine, 2001, 344 (20): 1511-1514.
[8] ATALA A, BAUER S B, SOKER S, et al. Tissue-engineered autologous bladders for patients needing cystoplasty [J]. Lancet, 2006, 367 (9518): 1241-1246.
[9] YU J, VODYANIK M A, SMUGA-OTTO K, et al. Induced pluripotent stem cell lines derived from human somatic cells [J]. Science, 2007, 318 (5858): 1917-1920.
[10] TAKAHASHI K, TANABE K, OHNUKI M, et al. Induction of pluripotent stem cells from adult human fibroblasts by defined factors [J]. Cell, 2007, 131 (5): 861-872.
[11] 章静波. 组织和细胞培养技术 [M]. 北京: 人民卫生出版社, 2011.
[12] 弗雷谢尼. 动物细胞培养: 基本技术指南 [M]. 北京: 科学出版社, 2004
[13] SUN T, ZHU J, YANG X, et al. Growth of miniature pig parotid cells on biomaterials *in vitro* [J]. Archives of oral biology, 2006, 51: 351-358.
[14] LODISH B, ZIPURSKY M, BALTIMORE D. Molecular cell biology[M]. 4th ed. New York: W.H.Freeman and Company, 2001.
[15] TAKAHASHI K, YAMANAKA S.Induction of pluripotent stem cells from mouse embryonic and adult fibroblast cultures by defined factors [J]. Cell, 2006, 126: 663-676.

附　录

1. 细胞工程与组织工程常见杂志与网页

Cell

Biomaterials

Biomaterials World News

Materials Today

Nature

Journal of Biomedical Materials Research

Cells and Materials

Journal of Biomaterials Science

Artificial Organs

ASAIO Transactions

Tissue Engineering

Annals of Biomedical Engineering

Medical Device Link

see：http：//www.biomat.net/biomatnet.asp？group=1_5

2. Nobel 生理学与医学奖（1901—2021）

1901 年　E.A.V. 贝林（德国）有关白喉血清疗法的研究

1902 年　R. 罗斯（英国）有关疟疾的研究

1903 年　N.R. 芬森（丹麦）发现利用光辐射治疗狼疮

1904 年　I.P. 巴甫洛夫（俄国）有关消化系统生理学方面的研究

1905 年　R. 柯赫（德国）有关结核的研究

1906 年　C. 戈尔季（意大利）、S. 拉蒙－卡哈尔（西班牙）有关神经系统精细结构的研究

1907 年　C.L.A. 拉韦朗（法国）发现并阐明了原生动物在引起疾病中的作用

1908 年　P. 埃利希（德国）、E. 梅奇尼科夫（俄国）有关免疫学方面的研究

1909 年　E.T. 科歇尔（瑞士）有关甲状腺的生理学、病理学以及外科学上的研究

1910 年　A. 科塞尔（德国）有关蛋白质核酸方面的研究

1911 年　A. 古尔斯特兰德（瑞典）有关眼睛屈光学方面的研究

1912 年　A. 卡雷尔（法国）有关血管缝合以及脏器移植方面的研究

1913 年　C.R. 里谢（法国）有关抗原过敏的研究

1914 年　R. 巴拉尼（奥地利）有关内耳前庭生理学与病理学方面的研究

1915—1918 年　未颁奖

1919 年　J. 博尔德特（比利时）有关免疫方面的一系列发现

1920 年　S.A.S. 克劳（丹麦）发现了有关体液和神经因素对毛细血管运动机理的调节

1921 年　未颁奖

1922 年　A.V. 希尔（英国）、迈尔霍夫（德国）从事有关肌肉能量代谢和物质代谢问题的研究

1923 年　F.G. 班廷（加拿大）、J.J.R. 麦克劳德（加拿大）发现胰岛素

1924 年　W. 爱因托文（荷兰）发现心电图机制

1925 年　未颁奖

1926 年　J.A.G. 菲比格（丹麦）发现菲比格氏鼠癌（鼠实验性胃癌）

1927 年　J. 瓦格纳–姚雷格（奥地利）发现治疗麻痹的发热疗法

1928 年　C.J.H. 尼科尔（法国）有关斑疹伤寒的研究

1929 年　C. 艾克曼（荷兰）、F.G. 霍普金斯（英国）发现可以抗神经炎的维生素，发现维生素 B_1 缺乏病及抗神经炎药物的化学研究

1930 年　K. 兰德斯坦纳（美籍奥地利人）发现血型

1931 年　O.H. 瓦尔堡（德国）发现呼吸酶的性质和作用方式

1932 年　C.S. 谢林顿、E.D. 艾德里安（英国）发现神经细胞活动的机制

1933 年　T.H. 摩尔根（美国）发现染色体的遗传机制，创立染色体遗传理论

1934 年　G.R. 迈诺特、W.P. 墨菲、G.H. 惠普尔（美国）发现贫血病的肝脏疗法

1935 年　H. 施佩曼（德国）发现胚胎发育中背唇的诱导作用

1936 年　H.H. 戴尔（英国）、O. 勒韦（美籍德国人）发现神经冲动的化学传递

1937 年　A. 森特–焦尔季（匈牙利）发现肌肉收缩原理

1938 年　C. 海曼斯（比利时）发现呼吸调节中颈动脉窦和主动脉的机理

1939 年　G. 多马克（德国）研究和发现磺胺药

1940—1942 年　未颁奖

1943 年　C.P.H. 达姆（丹麦）、E.A. 多伊西（美国）发现维生素 K，发现维生素 K 的化学性质

1944 年　J. 厄兰格、H.S. 加塞（美国）神经纤维机制的研究

1945 年　A. 弗莱明、E.B. 钱恩、H.W. 弗洛里（英国）发现青霉素及青霉素对传染病的治疗

1946 年　H.J. 马勒（美国）发现 X 射线可使基因诱变

1947 年　C.F. 科里、G.T. 科里（美国）、B.A. 何赛（阿根廷）发现糖代谢中的酶促反应，发现脑下垂体前叶激素对糖代谢的作用

1948 年　P.H. 米勒（瑞士）发现并合成了高效有机杀虫剂 DDT

1949 年　W.R. 赫斯（瑞士）发现动物间脑的下丘脑对内脏的调节功能

1950 年　E.C. 肯德尔、P.S. 亨奇（美国）、T. 赖希施泰因（瑞士）发现肾上腺皮质激素及其结构和生物效应

1951 年　M. 蒂勒（南非）发现黄热病疫苗

1952 年　S.A. 瓦克斯曼（美国）发现链霉素

1953 年　F.A. 李普曼（英国）、H.A. 克雷布斯（英国）发现高能磷酸结合在代谢中的重要性，发现辅酶 A，发现克雷布斯循环（三羧酸循环）

1954 年　J.F. 恩德斯、T.H. 韦勒、F.C. 罗宾斯（美国）研究脊髓灰质炎病毒的组织培养与组织技术的应用

1955 年　A.H. 西奥雷尔（瑞典）从事过氧化酶的研究

1956 年　A.F. 库南德、D.W. 理查兹（美国）、W. 福斯曼（德国）开发了心脏导管术

1957 年　D. 博维特（意籍瑞士人）从事合成类箭毒化合物的研究

1958 年　G.W. 比德尔、E.L. 塔特姆（美国）、J. 莱德伯格（美国）发现生物体内的生化反应都是由基因控制的，基因重组以及细菌遗传物质方面的研究

1959 年　S. 奥乔亚、A. 科恩伯格（美国）合成 RNA 和 DNA 的研究

1960 年　F.M. 伯内特（澳大利亚）、P.B. 梅达沃（英国）证实获得性免疫耐受性

1961 年　G.V. 贝凯西（美国）确立"行波学说"，发现耳蜗感音的物理机制

1962 年　J.D. 沃森（美国）、F.H.C. 克里克、M.H.F. 威尔金斯（英国）发现核酸的分子结构

1963 年　J.C. 艾克尔斯（澳大利亚）、A.L. 霍金奇、A.F. 赫克斯利（英国）发现与神经的兴奋和抑制有关的离子机构

1964 年　K.E. 布洛赫（美国）、F. 吕南（德国）有关胆固醇和脂肪酸生物合成方面的研究

1965 年　F. 雅各布、J.L. 莫诺、A.M. 雷沃夫（法国）有关酶和细菌合成中的遗传调节机制

1966 年　F.P. 劳斯（美国）、C.B. 哈金斯（美国）发现肿瘤诱导病毒，发现内分泌对癌的干扰

1967 年　R.A. 格拉尼特（瑞典）、H.K. 哈特兰、G. 沃尔德（美国）发现眼睛视觉过程的化学物质

1968 年　R.W. 霍利、H.G. 霍拉纳、M.W. 尼伦伯格（美国）研究遗传密码的破译及在蛋白质合成中的作用

1969 年　M. 德尔布吕克、A.D. 赫尔、S.E. 卢里亚（美国）发现病毒的复制机制和遗传结构

1970 年　B. 卡茨（英国）、U.S.V. 奥伊勒（瑞典）、J. 阿克塞尔罗行（美国）发现神经末梢的传递物质以及该物质的贮藏、释放、受抑制机理

1971 年　E.W. 萨瑟兰（美国）发现激素的作用机理

1972 年　G.M. 埃德尔曼（美国），R.R. 波特（英国）抗体的化学结构和机能的研究

1973 年　K.V. 弗里施、K. 洛伦滋（奥地利）、N. 廷伯根（英国）发现个体及社会性行为模式

1974 年　A. 克劳德、C.R. 德·迪夫（比利时）、G.E. 帕拉德（美国）细胞结构和机能的研究

1975 年　D. 巴尔迪摩、H.M. 特明、R. 杜尔贝科（美国）肿瘤病毒的研究

1976 年　B.S. 丰卢姆伯格（美国）、D.C. 盖达塞克（美国）发现澳大利亚抗原，慢性病

毒感染症的研究

1977 年 R.C.L. 吉尔曼、A.V. 沙里、R.S. 雅洛（美国）发现下丘脑激素，开发放射免疫分析法

1978 年 W. 阿尔伯（瑞士）、H.O. 史密斯，D. 内森斯（美国）发现限制性内切酶以及在分子遗传学方面的应用

1979 年 A.M. 科马克（美国）、G.N. 蒙斯菲尔德（英国）电子计算机操纵 X 射线断层扫描

1980 年 B. 贝纳塞拉夫、G.D. 斯内尔（美国）、J. 多塞（法国）细胞表面调节免疫反应的遗传结构的研究

1981 年 R.W. 斯佩里、D.H. 休伯尔（美国）、T.N. 威塞尔（瑞典）大脑半球职能分工的研究，视觉系统的信息加工研究

1982 年 S.K. 贝里斯德伦、B.I. 萨米埃尔松（瑞典）、J.R. 范恩（英国）发现前列腺素

1983 年 B. 麦克林托克（美国）发现移动的基因

1984 年 N.K. 杰尼（丹麦）、G.J.F. 克勒（德国）、C. 米尔斯坦（英国）开发单克隆抗体

1985 年 M.S. 布朗、J.L. 戈德斯坦（美国）胆固醇代谢及有关疾病的研究

1986 年 R.L. 蒙塔尔西尼（意大利）、S. 科恩（美国）发现神经生长因子和上皮细胞生长因子

1987 年 利根川进（日本）阐明与抗体生成有关的遗传机理

1988 年 J.W. 布莱克（英国）、G.H. 希钦斯（美国）对药物研究原理做出贡献

1989 年 J.M. 毕晓普、H.E. 瓦慕斯（美国）发现动物肿瘤病毒的致癌基因——原癌基因

1990 年 J.E. 默里、E.D. 托马斯（美国）对人类器官移植、细胞移植技术的研究

1991 年 E. 内尔、B. 萨克曼（德国）发明了膜片钳技术

1992 年 E.H. 费希尔、E.G. 克雷布斯（美国）发现蛋白质可逆磷酸化作用

1993 年 P.A. 夏普、R.J. 罗伯茨（美国）发现断裂基因

1994 年 A.G. 吉尔曼、M. 罗德贝尔（美国）发现 G 蛋白及其在细胞转导信息中的作用的重要遗传机理

1995 年 E.B. 刘易斯、E.F. 维绍斯（美国）、C.N. 福尔哈德（德国），发现了控制早期胚胎发育的重要遗传机理

1996 年 P.C. 多尔蒂（澳大利亚）、R.M. 青克纳格尔（瑞士）发现细胞的中介免疫保护特征

1997 年 S.B. 普鲁西纳（美国）发现全新的蛋白致病因子——朊蛋白

1998 年 R.Furchgott、L.Ignarro、F.Murad（美国）发现氧化氮可以传递信息

1999 年 布洛伯尔（美国）发现信号学说

2000 年 K. 阿尔维德（瑞典）、G. 保罗、K. 埃里克（美国）脑细胞间信号相互传递

2001 年 L. 哈特韦尔（美国）、P. 纳斯、G. 亨特（英国）细胞分裂周期的调节机制

2002 年 X. 布雷内、Y. 苏尔斯顿（英国）、L. 霍维茨（美国）器官发育和程序性细胞死亡

2003 年　P．劳特布尔（美国）、P．曼斯菲尔德（英国）核磁共振成像技术
2004 年　L．阿克塞尔、L．巴克（美国）气味受体和嗅觉系统组织方式研究
2005 年　B．马歇尔、L．沃伦（澳大利亚）幽门螺杆菌的发现
2006 年　A．法尔、K．梅洛（美国）发现 RNA 干扰
2007 年　M．卡佩基、O．史密斯（美国）、M．埃文斯（英国）胚胎干细胞特定基因修饰——基因打靶技术
2008 年　H.Hausen（德国）、F.B.Sinoussi、L.Montagnier（法国）宫颈癌致病因子和艾滋病病毒的研究
2009 年　E.Blackburn、C.Greider、J.Szostak（美国）发现了端粒和端粒酶保护染色体的机理
2010 年　L．爱德华兹（英国）试管受精技术
2011 年　B.A.Beutler（美国）、J.A.Hoffmann（法国）、R.M.Steinman（美国）先天免疫方面的发现，获得性免疫中树突细胞及其功能的发现
2012 年　J.B.Gurdon（英国）、山中伸弥（日本）细胞核移植克隆，iPS
2013 年　J.E．罗斯曼、L．谢克曼（美国）、T．聚德霍夫（德国）囊泡转运
2014 年　J.O'Keefe（美国）、M.Moser，E.I.Mosel（挪威）发现组成大脑定位系统的特殊细胞
2015 年　Satoshi Omura（日本）、W.C.Campbell（爱尔兰）、屠呦呦（中国）对最具毁灭性的寄生虫疾病的治疗，尤其是线虫和疟疾
2016 年　Yoshinori Ohsumi（日本）发现了细胞自噬的机制
2017 年　J.C.Hall、M.Rosbash、M.W.Young（美国）发现控制昼夜节律的分子机制
2018 年　J.P.Allison（美国）、Tasuku Honjo（日本）发现了负性免疫调节治疗癌症的疗法，阐明了 CTLA4 和 PD-1 的作用与功能
2019 年　W.G.Kaelin Jr、P.J.Ratcliffe（英国）、G.L.Semenza（美国）发现细胞如何感知和适应氧气供应
2020 年　H.J.Alter（美国）、M.Houghton（加拿大）、C.M.Rice（美国）发现丙型肝炎病毒
2021 年　D.J.Julius、A.Patapoutian（美国）在温度和压力感受器研究领域的独立发现

索 引

（按汉语拼音排序）

A

癌细胞 45
暗视野显微镜 122

C

超净工作台 15
成纤维细胞 33
传代期 35
初代培养 39
成体干细胞 63
重编程 78
材料反应 87
材料表面 90
层粘连蛋白 99
超急性排斥 114

D

大规模细胞培养技术 6
多型细胞型 34
多能干细胞 60
单克隆抗体 68
端粒 80
第一代移植材料 91
第二代移植材料 91
第三代移植材料 91
单分子光学显微镜 124
电子显微镜 124
多聚酶链反应技术 132

E

二倍体细胞 39

二维细胞培养 42

F

负压滤器 16，17
防腐 26
复合材料 107
放射自显影术 132
分子杂交技术 132

G

干细胞工程 5
干热灭菌 26
干细胞 60
肝干细胞 64
骨骼肌干细胞 63
骨组织构建 109
光学显微镜 119

H

核苷酸甲基化 79
获得性免疫 112

J

净化 26
接触抑制 38
浸润性 46
巨噬细胞 50
间质干细胞 63
基因表达紊乱 79
胶原蛋白 94
甲壳素 95
肌腱 110

急性排斥 114
激光共聚焦扫描显微镜 121
基因编辑技术 132

K

可塑性 63
克隆 74
壳聚糖 95
可降解高分子材料 105
抗原加工 112

L

滤膜 17

M

灭菌 26
密度抑制 38
免疫 114
慢性排斥 114
免疫细胞化学 131
免疫荧光技术 131

N

黏附 33
凝集试验 48
内皮细胞 49，63
黏附受体 100
黏附分子 99

P

培养基 13
胚胎干细胞 60
胚胎工程 71
胚胎移植 72
胚胎分割 72
偏光显微镜 123

Q

清洁 26
潜伏期 36
停滞期 38
全能干细胞 60

R

染色体工程 5，70
染色体组工程 5，70
软琼脂培养 48
人工髋关节 92
软骨 109

S

生物工程 1
双蒸水 18
湿热灭菌 26
上皮细胞型 33
衰退期 35
三维细胞培养 43
上皮细胞 49
神经胶质细胞 49
神经干细胞 64
生物反应器 82
生物材料 85
生物功能性 85
生物相容性 86，89
生物评价标准 93
腮腺组织构建 110
生物力学 116
扫描电子显微镜 126
扫描隧道显微镜 127
生物学评价 133
生物材料评价 135

T

胎牛血清 14
天然生物材料 93
天然免疫 112
弹性模量 116
透射电子显微镜 124，125

W

无菌操作 25
无菌 26
微重力细胞培养 42

微载体 43，67
微囊培养系统 68
微分干涉差显微镜 123

X

细胞工程 1，9
细胞学说 2
细胞融合 3，69
细胞质工程 5
细胞培养 13
血清 14
消毒 25，26
细胞计数 27
细胞冻存 31
细胞复苏 31，32
细胞传代 32
细胞系 35，39
细胞分裂指数 38
细胞堆积 38
细胞株 39
细胞生长增殖 48
细胞核型分析 48
细胞诱导分化 61
心肌干细胞 64
细胞大规模培养 67
纤维包膜 88
纤维素 94
纤维蛋白 94
细胞外基质 96
纤粘连蛋白 99
细胞显微技术 119
相差显微镜 122
显微操作技术 128

Y

胰蛋白酶 13
抑菌 26
游走细胞型 34
原代培养 35
永生性 46
异质性 46
异体动物接种 48
原生质体 57
胰岛干细胞 65
疫苗 68
有丝分裂紊乱 79
移植免疫 113
荧光显微镜 120，121
原子力显微镜 128

Z

组织工程 1，7，9
组织培养 3
转基因技术 6
转基因生物 7
转基因植物 7
正压滤器 16，17
支原体 29
肿瘤细胞 45
植物细胞培养 56
植物器官培养 57
植物组织培养 57
专能干细胞 60
造血干细胞 63
中空纤维细胞培养系统 68
治疗性克隆 77
整合素 102
组织工程皮肤 108

ES 细胞 61
EG 细胞 61
Hela 细胞 51
iPS 81
K562 细胞 54
Vero 细胞 52
P4 实验室 13
3D 打印 111